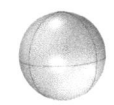

灵犀
Rhino+
Grasshopper
建模实战揭秘

郜红合　王福兵　著

U0248782

化学工业出版社

·北京·

内 容 简 介

本书是笔者根据多年教学经验撰写的，主要通过8个实战范例，以系统性思维和产品设计思维进行软件应用技巧的讲解，主要结合实例和设计经验来进行应用知识与使用技巧的学习，并兼顾设计思路和实战性。每一章案例开始先分析产品的结构，明确建模的先后顺序，然后进行具体建模，最后进行小结，回顾建模过程和用到的命令，以及如何能够快速掌握建模的思路和方法，从而实现建模的系统性思维和设计思维的养成。

本书图文并茂、彩页印刷、结构清晰、重点突出、实例典型、应用性强，是一本很好的从入门到精通类实战书，适合从事机械设计、工业设计、模具设计、产品设计与结构设计等专业的学生和技术人员阅读。本书还可供培训班及大中专院校作为Rhino软件教材使用。

图书在版编目（CIP）数据

灵犀Rhino + Grasshopper建模实战揭秘 / 邰红合，王
福兵著. — 北京：化学工业出版社，2021. 11（2024. 8重印）
　ISBN 978-7-122-39683-9

　Ⅰ. ①灵… Ⅱ. ①邰… ②王… Ⅲ. ①建筑设计 – 计
算机辅助设计 – 应用软件 – 高等学校 – 教材 Ⅳ.
①TU201. 4

中国版本图书馆 CIP 数据核字（2021）第 157069 号

责任编辑：陈 喆　王 烨　　　　　　　　美术编辑：王晓宇
责任校对：李雨晴　　　　　　　　　　　装帧设计：水长流文化

出版发行：化学工业出版社（北京市东城区青年湖南街 13 号　邮政编码 100011）
印　　装：北京天宇星印刷厂
710mm×1000mm　1/16　印张 12¾　字数 232 千字　2024 年 8 月北京第 1 版第 2 次印刷

购书咨询：010-64518888　　　　　　　　　售后服务：010-64518899
网　　址：http://www.cip.com.cn
凡购买本书，如有缺损质量问题，本社销售中心负责调换。

定　　价：89.00 元

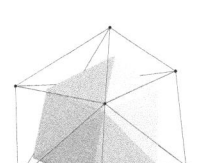

Rhino是一款小巧且超强的三维建模工具，它是基于NURBS曲面建模的三维软件，包含了所有的NURBS建模功能，同时具有超高的文件兼容性，还采用了灵活的插件机制，Rhino7.0已经内置Sub D细分曲面与Grasshopper模块，极大地增强了Rhino的功能性和使用的广泛性，因其"小体型大功能"的特点而广泛地应用于工业设计、三维动画制作及机械设计等领域，受到设计师们的青睐。

市场上此类书籍主要以工具书的形式出现，没有充分考虑到学生学习的实际情况，导致学习效率低下。软件学习对很多人来说是一件非常痛苦的事情，虽然付出了辛苦，往往事倍功半，达不到应有的效果。软件学习讲究举一反三，触类旁通，因此，以系统性思维和产品设计的思维进行软件的学习训练是非常必要且有效的。

本书基于Rhino7.0中文版，结合人们的学习规律，用少量的篇幅进行简单的命令和界面的介绍设置，然后从不同类别的产品建模入手，进行由浅入深的实战讲解。在每一个案例讲解过程中都是先讲解建模思路，让学生有一个整体系统的建模观念，非常清晰地理解建模的思路和步骤后，再着手进行建模，让大家在实际操作过程中将各种常用的命令学通弄懂。看着一个个案例的完成，作为学习者的自豪感和成就感油然而生，尤其是经过多次尝试后才完成的作品，就更增加了学习的兴趣和动力。学习本书的同时还可以培养学生的设计思维和创新设计思路，从而提升学习的主观能动性和创新性，让软件学习变得不再枯燥无味。原来软件学习一点儿也不难！

本书共分5章。结合软件的功能，全面深入浅出、细致地通过8个实战范例来讲解。每一个案例开始先分析产品的结构，明确建模的先后顺序，然后进行具体建模。每个模型完成之后，进行小结，回顾建模过程和用到的命令，以及如何能够快速掌握建模的思路和方法。第1章主要介绍Rhino基础知识。第2章是小家电产品篇，主要是4个小家电产品的案例建模。第3章是交通运输工具篇，主要以叉车这一典型的运输工具进行建模讲解。第4章是Grasshopper参数化纹理篇，利用手持吸尘器参数化纹理建模和Grasshopper参数化纹理原生与寄生研究、榨汁机参数化纹理建模进行具体的讲解，主要要求熟悉Grasshopper插件中的网孔曲线阵列模式。第5章是家具有机形态篇，主要讲解用Rhino的细分曲面（Sub-D）模块进行有机形态的建模。

　　本书图文并茂、彩页印刷、结构清晰、重点突出、实例典型、应用性强，是一本很好的从入门到精通类实战书，适合从事机械设计、工业设计、模具设计、产品设计与结构设计等专业的学生和技术人员阅读。本书还可供培训班及大中专院校作为Rhino软件教材使用。

　　本书是辽宁石油化工大学的郜红合结合自己的工业设计软件教学经验组织撰写而成，负责全书的内容规划和撰写工作。王福兵负责本书部分案例的收集和整理工作，钟丹、孙绍琦、魏开巍、黄诗雯、陈旭辉，辽宁石油化工大学的张巍、赵谦也为本书付出了辛苦，在此一并表示感谢！

　　由于作者水平和学识所限，书中难免存在遗漏和不妥之处，衷心期待读者批评指正。

著者

第 **1** 章

Rhino基础知识

第 **2** 章

小家电产品篇

第 **5** 章

家具有机形态篇

第 **1** 章

Rhino基础知识

1.1 Rhino的介绍

Rhino是由美国Robert McNeel&Associates公司在1992年针对PC开发的强大的专业3D造型软件。Rhino是一款基于NURBS（Non- Uniform Rational B-Spline，非均匀有理B样条曲线）曲面建模的三维软件。其开发人员基本上是原Alias（开发Maya的A/W公司）的核心代码编制成员。

2007年3月，Rhino发布了4.0版本，2021年已经到了7.0版本。Rhino具有超高的文件兼容性，它支持的文件保存格式约有35种。导入文件时，Rhino支持的文件格式约有28种，几乎兼容了现存的所有的CAD数据，Rhino优秀的文件兼容能力方便用户把Rhino建模出的数据导入到其他程序，或者从第三方程序导入建模数据进行加工处理，同时也进一步拓宽了Rhino的应用领域。

Rhino采用了灵活的插件机制，弹性高，用户可以根据自身需求自由选择并添加新的功能，满足用户个性设计的需要。目前Rhino7.0已经内置Sub D细分曲面与Grasshopper（草蜢参数化）模块，并且Rhino的开源性用户可以自主编写脚本程序制作插件，极大地增强了Rhino的功能性和使用的广泛性。

NURBS是Non-Uniform Rational B-Splines的缩写，是非均匀有理B样条的意思。

Rhino是以NURBS技术为核心的曲面建模软件，NURBS曲线和NURBS曲面在传统的制图领域是不存在的，是为了使用计算机进行3D建模而专门建立的。在3D建模的内部空间用曲线和曲面来表现轮廓和外形，它们是用数学表达式构建的，NURBS数学表达式是一种复合体。

简单地说，NURBS就是专门做曲面物体的一种造型方法。NURBS造型总是由曲线和曲面来定义的，所以要在NURBS表面里生成一条有棱角的边是很困难的。就是因为这一特点，我们可以用它做出各种复杂的曲面造型，还能表现特殊的效果，例如玫瑰花花瓣、流线型的跑车等，如图1-1-1所示。

图1-1-1

NURBS是非均匀有理B样条（Non-Uniform Rational B-Splines）的缩写，NURBS由Versprille在其博士学位论文中提出，1991年，国际标准化组织（ISO）颁布的工业产品数据交换标准STEP中，把NURBS作为定义工业产品几何形状的唯一数学方法。1992年，国际标准化组织又将NURBS纳入规定独立于设备的交互图形编程接口的国际标准PHIGS（程序员层次交互图形系统）中，同时作为PHIGS Plus的扩充部分。Bezier、有理Bezier、均匀B样条和非均匀B样条都被统一到NURBS中。

Non-Uniform（非均匀B样条）：非均匀B样条函数的节点参数沿参数轴的分布是不等距的。因为不同节点矢量形成的B样条函数各不相同，要简单计算，其计算量比均匀B样条大得多。

Rational（有理曲线）：是指每个NURBS物体都可以用有理多项式形式表达，定义每个控制点且都带有一个数字（权值），除了少数的特例以外，权值大多是正数。当一条曲线所有的控制点有相同的权值时（通常是1），称为"非有理"（Non-Uniform）曲线，否则称为有理（Rational）曲线，意味着一条NURBS曲线有可能是有理的。在实际情况中，大部分NURBS曲线是非有理的，但有些NURBS曲线永远是有理的，圆和椭圆是明显的例子，如图1-1-2所示。

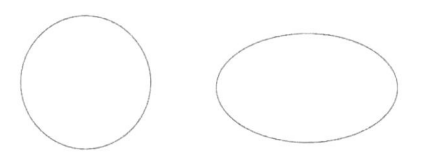

图1-1-2

B-Spline（**B样条函数是Bezier曲线的拓广**）：是指用路线来构建一条曲线，在一个或更多的点之间以内插值替换。它用样条函数使曲线拟合时在接头处保证其连续性，与贝塞尔曲线相比，其主要优点在于曲线形状可以局部控制，并可随意增加控制点而不提高曲线阶数。［贝塞尔曲线在1962年，由法国工程师皮埃尔·贝塞尔（Pierre Bézier）广泛地发表于世，他运用贝塞尔曲线为汽车的主体进行设计。贝塞尔曲线最初由Paul de Casteljau于1959年运用de Casteljau演算法开发，以稳定数值的方法求出贝兹曲线。］

样条曲线：是一类特殊的曲线，最初在计算机建模出现之前由船舶工业发展需求而创造并发展起来。当时样条的最初出现是海军的设计师需要通过几个点来画一条光滑曲线，为此他们想出了一个简单且有效的方法，就是在金属重物（Weights）（这在后来的数学解释上称之为结点Knots）放置在控制点（Control Points）上使用薄金属片绕过这些控制点自然弯曲得到光滑变化的形状，他们把这个形状称之为样条，如图1-1-3所示。

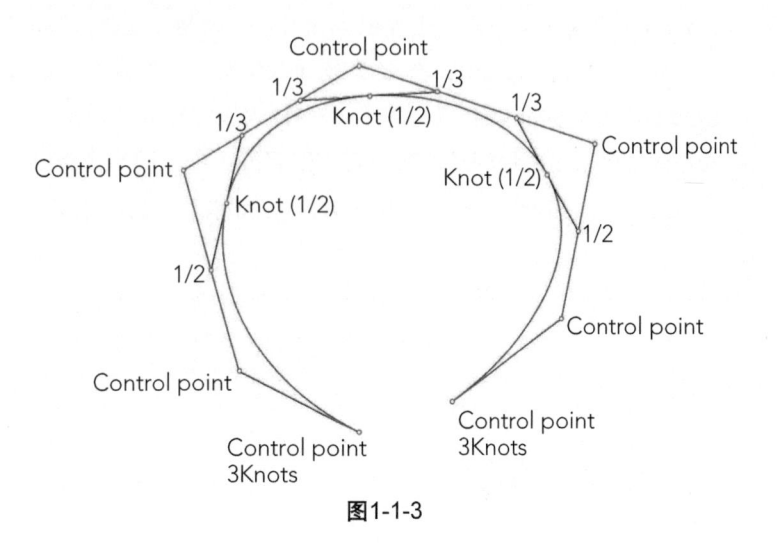

图1-1-3

在物理上，样条的形状在结点处的影响最大，并且沿着样条远离结点会逐渐减小，想要获得对样条某一区域更多的控制，只能在相应的区域增加更多的结点才行，如图1-1-4所示。

图1-1-4

这种方案在数据交换的时候遇到了麻烦，因为要在不同的平台进行数据交换，人们必须用一种数学的方法来描述曲线的形状，为此诞生了三次方程样条。后来从多项式样条引申出B样条（基础样条），B样条是低级别的多项式样条的集合，为了适应更复杂的样条数据交换，最后从B样条又引申出了NURBS样条，如图1-1-5所示。

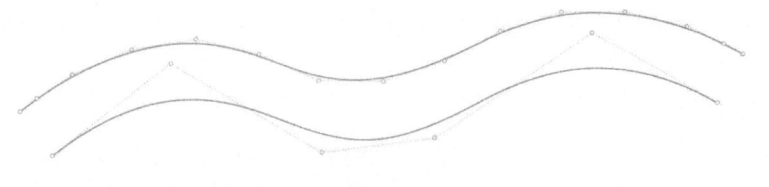

图1-1-5

连续性（G0/G1/G2/G3）： 所有的曲线都有Degree（次数）与Order（阶数），阶数等于次数加一。一条曲线的次数在表现所使用的等式里面是最主要的指数。一个直线的等式次数是1或者2，NURBS曲线表现是立方等式，次数是3。可以把次数设得很高，但通常没必要这样做。虽然次数越高曲线越圆滑，但计算时间也越长。一般只要记住Degree（次数）值越高曲线越圆滑就可以了。

曲线也都有Continuity（连续性）。一条连续的曲线是不间断的。连续性有不同的级别，一条曲线有一个角度或尖端，它的连续性是G0，如图1-1-6所示。

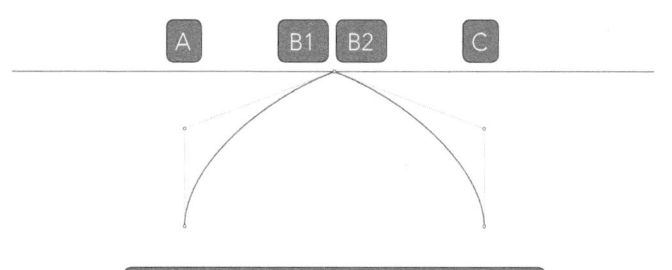

图1-1-6

一条曲线如果没有尖端但曲率有改变，连续性是G1，如图1-1-7所示。

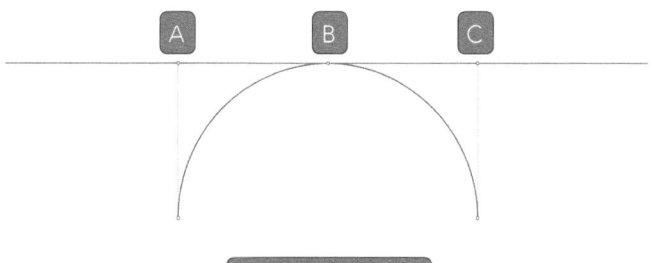

图1-1-7

如果一条曲线是连续的，曲率不改变，连续性是G2，如图1-1-8所示。

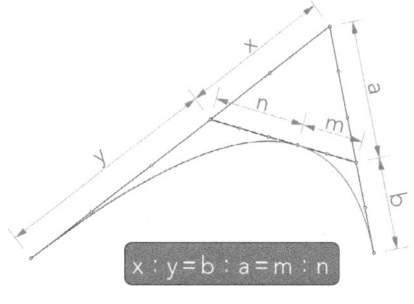

图1-1-8

另外一种连续性的表示是几何连续性，G0（位置）、G1（相切）、G2（曲率）、G3可以通过恰当的参数变换得到相应的C0、C1、C2、C3。

一条曲线可以有较高的连续性，但对于计算机建模来说这三个级别已经够了。通常眼睛不能区别C2连续性和更高的连续性之间的差别。

连续性和次数是有关系的。一个次数为3的等式能产生C2连续性曲线。NURBS造型通常不需要这么高次数的曲线。

一条不同片断的NURBS曲线可以用不同级别的连续性。具体来说，在同样的位置或非常靠近的地方放置一些可控点，会降低连续性的级别。两个重叠的可控点会使曲率变尖锐，三个重叠的可控点会在曲线里建立一个有角度的尖角。附加一个或两个可控点会在曲线的附近联合它们的影响力。

从可控点中删除一个离开它们，就增加了曲线的连续性的级别。

所以，NURBS曲面与NURBS曲线本质上有一样的属性。

1.2 Rhino7.0界面讲解

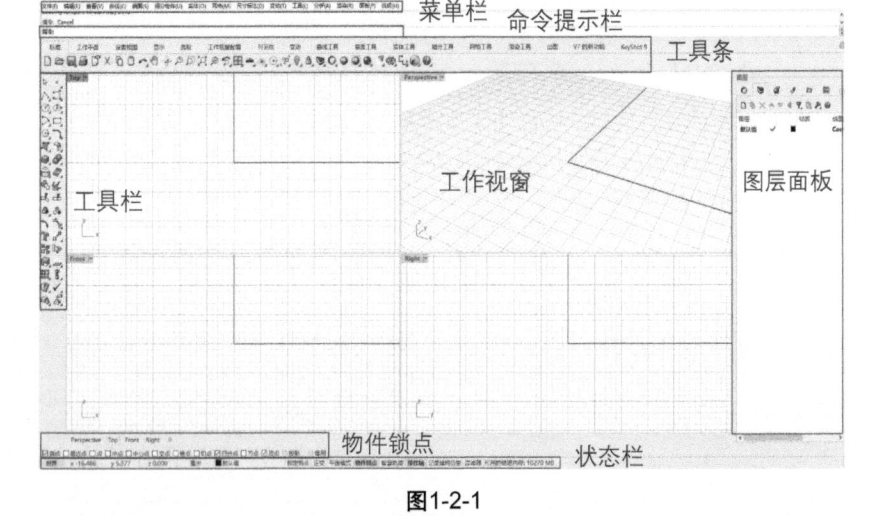

图1-2-1

图1-2-2

如图1-2-1、图1-2-2所示可以看到：

① 菜单栏：按照菜单将Rhino的工具以文字形式归类。

② 命令提示栏：在Rhino建模工程中需随时关注的项目。它的主要功能为指令

别名的输入、显示当前命令的执行、提示下一步的操作、所需操作数值的输入、参数的选用、显示执行命令的结果和提醒操作失败的原因等。并且，许多工具还在指令栏中提供了相应的选项，在指令栏中的命令选项上单击其选项即可改变其选项的指令。执行命令后，需要搭配某些参数才能达到目标，而此时只能通过命令栏进行改变，操作方式可以直接打入参数字母或使用鼠标点击。

③ 工具条：属于工具列的文字加快捷图标的形式，对应的是Rhino工具和插件的分类，并且可根据用户的使用习惯进行更改。

④ 工具栏：Rhino默认显示的工具列包含了标准栏以及工具列边栏。将鼠标光标移动到工具列的指令上，将会显示出该指令的名称。在Rhino中，很多指令按钮集成了两个指令，点击鼠标左键和鼠标右键具有不同的指令。并且，工具列中指令按钮图标的右下角带有小三角符号，此符号表示该按钮指令下面还隐藏着多个按钮，在图标上按住鼠标左键不放即可显示其隐藏的按钮。

⑤ 工作视窗：犀牛默认设置4个工作视窗可通过双击**Top**，**Front**，**Right**，**Perspective**的字样。

⑥ 图层面板：单击该图标，即可弹出图层快捷编辑面板，以便快速改变物件图层，编辑物件的颜色，查看其所在的图层并进行切换，以及进行图层颜色显示设置等。

⑦ 物件锁点：使用频率极高的一个建模辅助项，在建模过程中用来帮助捕捉物件对象。如需捕捉某个点，在开启的状态下，在所要捕捉的那个点前面勾选即可。

⑧ 状态栏：显示当前执行命令的状态，一般情况下勾选"物件锁点"与"操作轴"即可。

1.2.1 工具条

标准工具条中用的频率最高的为四视窗、显示隐藏、选项、keyshot链接，如图1-2-3所示。

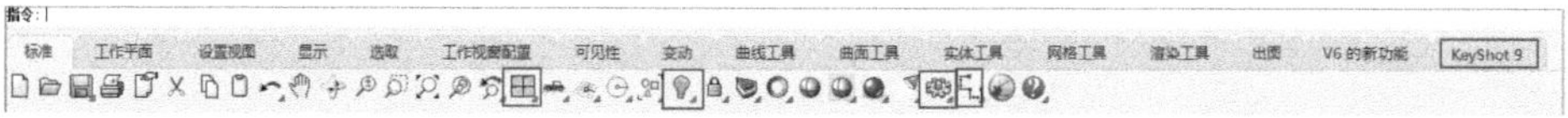

图1-2-3

① 右击四视窗图标可以恢复4个视窗显示状态。

② 隐藏与显示，左键隐藏物件/右键显示全部物件。

③ 选项内为基本建模习惯设置，一般设置一次即可。

④ Keyshot为Rhino模型导入Keyshot中的实时更新链接。

 1.2.2 常用选项设置

图1-2-4为常用选项设置。

图1-2-4

 1.2.3 单位设置

单位设置（不同大小的模型制作，我们做模型时候一定按1：1比例制作），我们小产品设计一般设置为毫米，如图1-2-5所示。

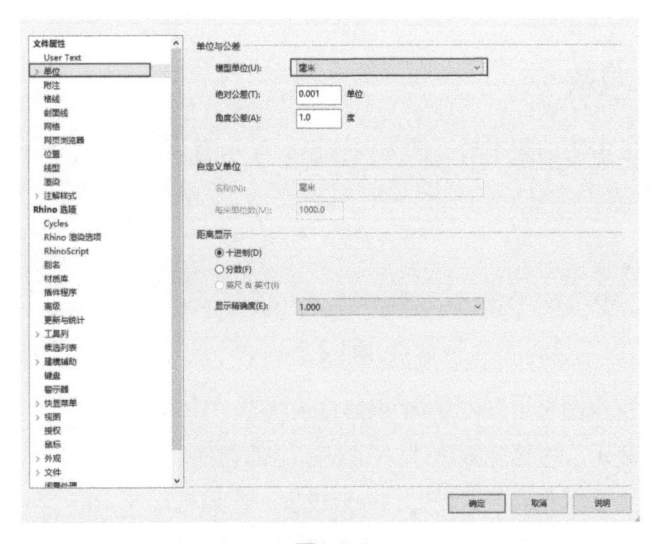

图1-2-5

1.2.4 视窗格线数量修改

格线的设置一般默认即可，如需更改数量可以将70改为自己需求数量。格线分为子格线与主格线，默认为每5个子格线为1个主格线，如图1-2-6所示。

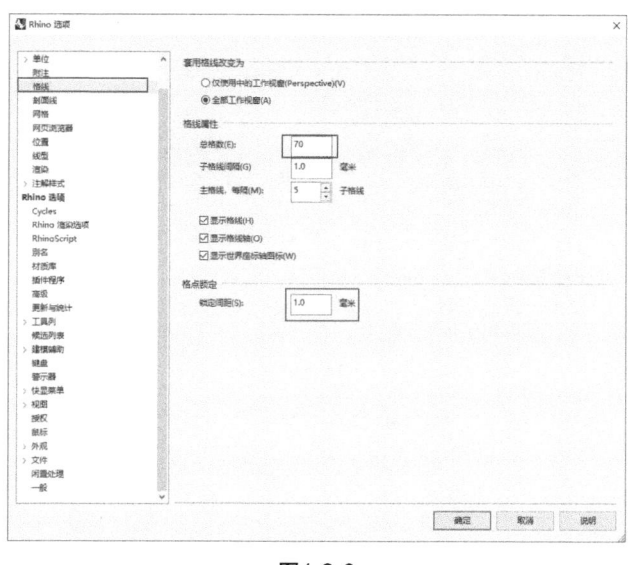

图1-2-6

 1.2.5 标注设置

标注可设置文字字体与字体高度、箭头大小等，如图1-2-7所示。

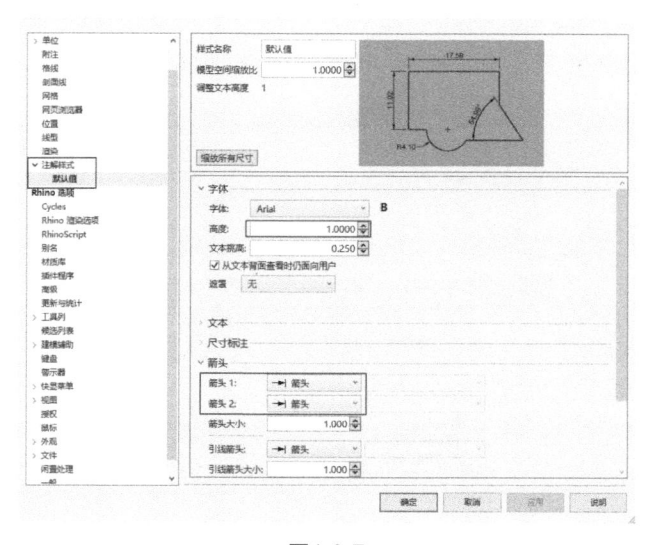

图1-2-7

 1.2.6 形有灵犀高频中键导入

形有灵犀高频中键导入见图1-2-8～图1-2-11。

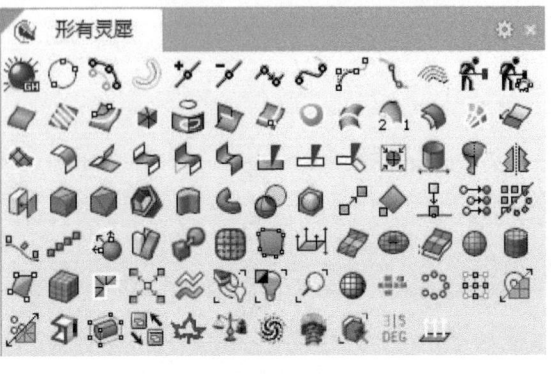

图1-2-8

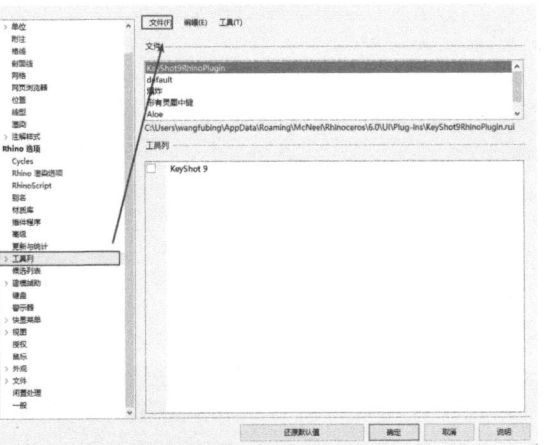

图1-2-9

图1-2-10

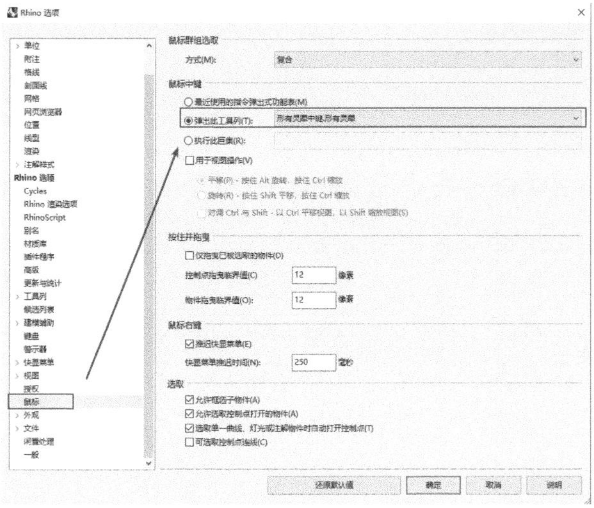

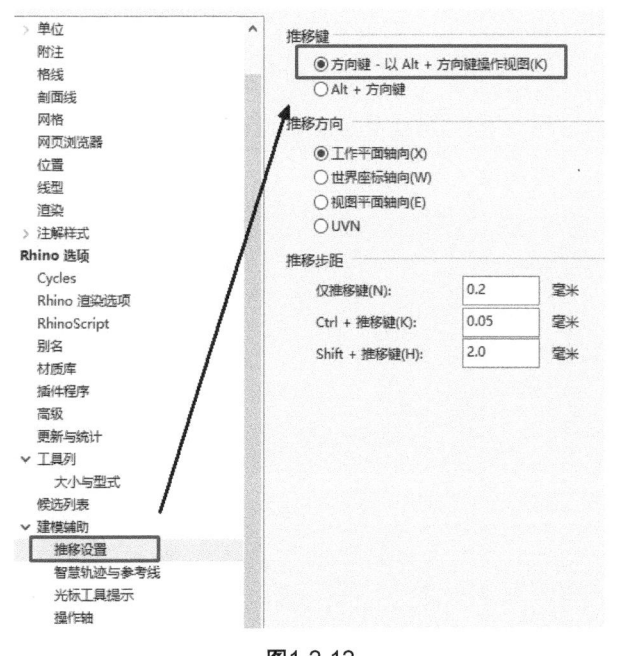

图1-2-11

 1.2.7 方向键微调推移设置

在建模时开启曲线控制点（F10）进行调节，可通过键盘上的上下左右方向键进行推移微调，如图1-2-12所示。

图1-2-12

 1.2.8 常用快捷键

常用快捷键（我们建模时要学会用两只手来做图，效率至上，左手键盘右手鼠标，提升自己的肌肉记忆能力）：

Ctrl + C	复制	F7	开启与关闭格线
Ctrl + V	粘贴	F10	开启控制点
Ctrl + A	全选	F11	关闭控制点
Ctrl + X	剪切	Ctrl + Alt + R	渲染显示
Ctrl + Z	返回	Ctrl + Alt + S	着色模式
Ctrl + Y	前进	Ctrl + Alt + W	线框模式
Ctrl + J	组合	Ctrl + Alt + A	形有灵犀模式
Ctrl + G	群组	Ctrl + Alt + E	视图拉近
Ctrl + H	隐藏	Ctrl + Shift + 左键	在实体中选择边缘与曲面
Ctrl + S	保存	Alt + 鼠标左键	拖动操作轴为复制
Delete	删除		

 1.2.9 曲线粗细显示设置

为了在建模时更方便观察与调节，我们会将曲线粗细改为2个像素（默认为1），如图1-2-13所示。

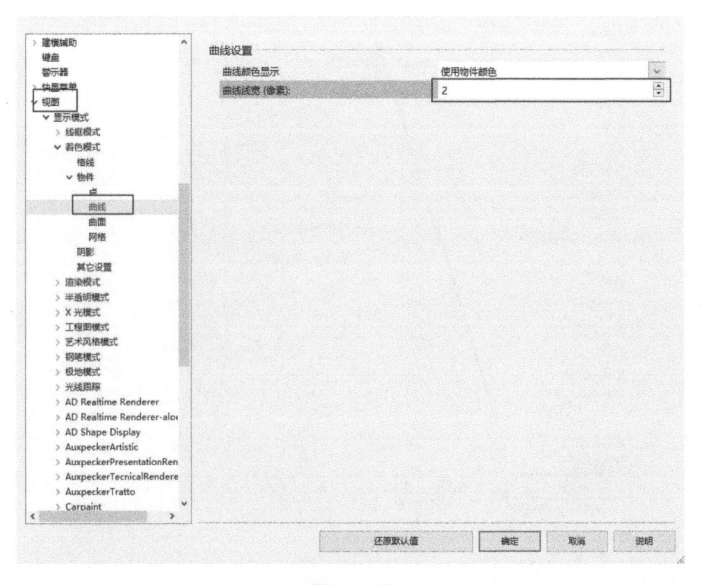

图1-2-13

点击着色模式将颜色&材质显示设置为"物件颜色";背面设置为"全部背面使用单一颜色",并且将单一背面颜色改为"金色",如图1-2-14、图1-2-15所示。

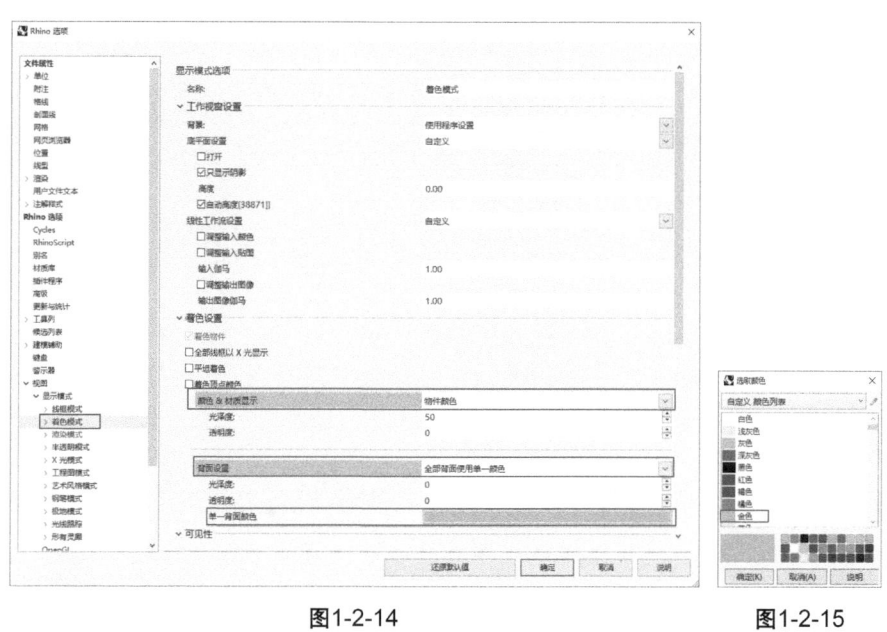

图1-2-14   图1-2-15

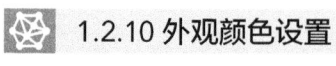

1.2.10 外观颜色设置

背景颜色与其他显示颜色可根据自己建模观察适度调节,如图1-2-16所示。

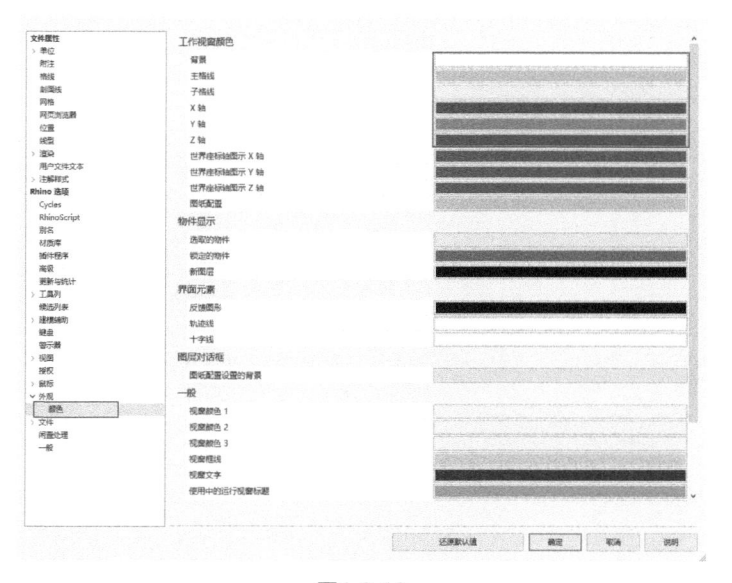

图1-2-16

此外，十字线也是我们建模重要的参考工具，在建模时可以勾选，勾选后鼠标会出现十字参考线，以便于建模辅助参考，如图1-2-17所示。

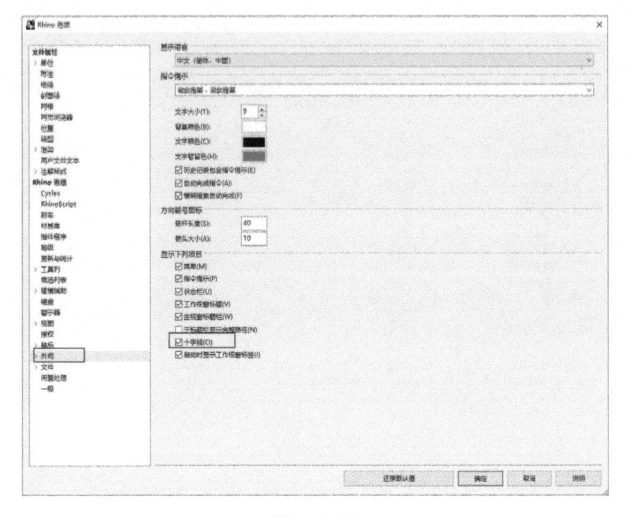

图1-2-17

1.2.11 文件自动设置

一般建模时遇到最头疼的是模型没保存软件闪退关闭，这时候Rhino为用户提供了一个自动保存设置。一般建议每间隔20分钟保存一次，自动保存的位置如图1-2-18所示（可更改保存位置）。

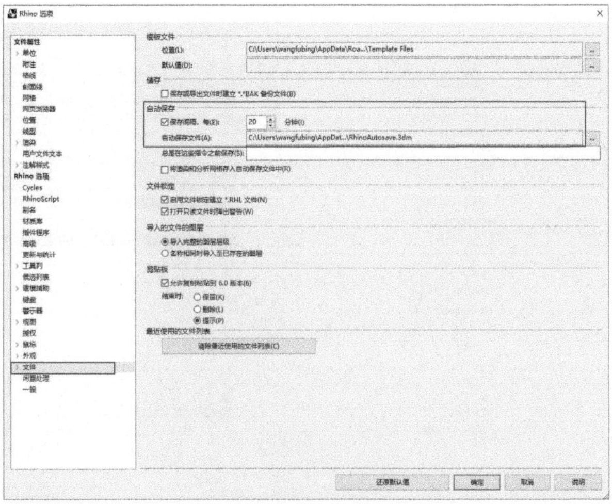

图1-2-18

1.2.12 曲面结构线设置

可以按照需求设置曲面结构线，默认为1，不勾选则无结构线显示，如图1-2-19、图1-2-20所示（图1-2-20两个球左侧结构线设置为1，右侧为不勾选显示状态）。

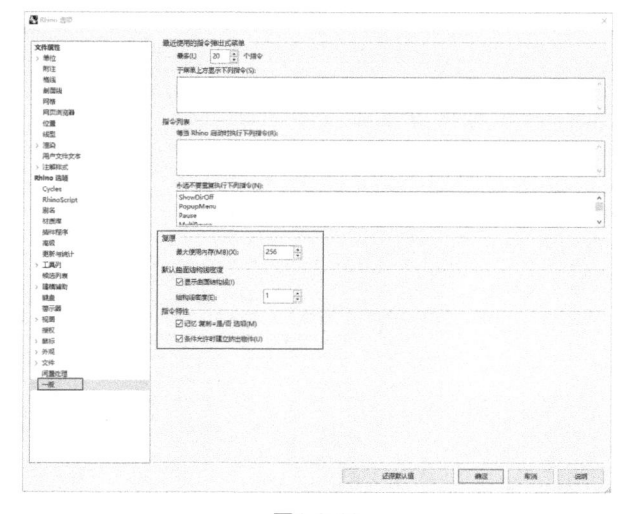

图1-2-19

图1-2-20

第 **2** 章

小家电产品篇

2.1 白炽灯建模

 2.1.1 建模思路

　　该产品外观看上去大致分为三大部分，从左至右依次为，黑色导电头部分、金属螺纹、主体玻璃灯球外罩，其余之细节可暂时忽略。建模过程中，左侧部分通过简单的旋转成形操作即可，中间螺纹部分较为困难，使用弹簧线双轨扫掠做成金属螺纹形状，主体玻璃球外罩造型同左侧部位建模方法，画出截面线旋转成形即可。

 2.1.2 建模步骤

　　① 建模用到的命令有控制点曲线 、控制点关闭开启 、弹簧线 、旋转成形 、混接曲面 、隐藏反隐藏 、沿着结构线修剪 、三轴缩放 、分析方向 、修剪与分割 。

　　② 鼠标左、中、右键的用法。鼠标左键 ，点选物体，左框选物体全覆盖，右框接触选择；鼠标右键 旋转视图，结束命令与重复上一步命令；鼠标中键滚轮缩放视图和形有灵犀鼠标高频中键。

　　③ 底图的放置。一般我们会分析一个物体是否为旋转体或者镜像体（即左右或者上下两侧对不对称），如果是旋转体或者镜像体，我们会选择把参考图中的参考物体的镜像轴放置与 x、y 轴或者 z 轴重合，如果以中心作为参考点则放置在原点（0点）上。

　　方法一： 直接将图片拖入 Rhino 界面；

　　方法二： 背景图放置；

　　方法三： 在命令提示栏中输入英文字母 "p" 找到 "PictureFrame"。如图 2-1-1 所示。

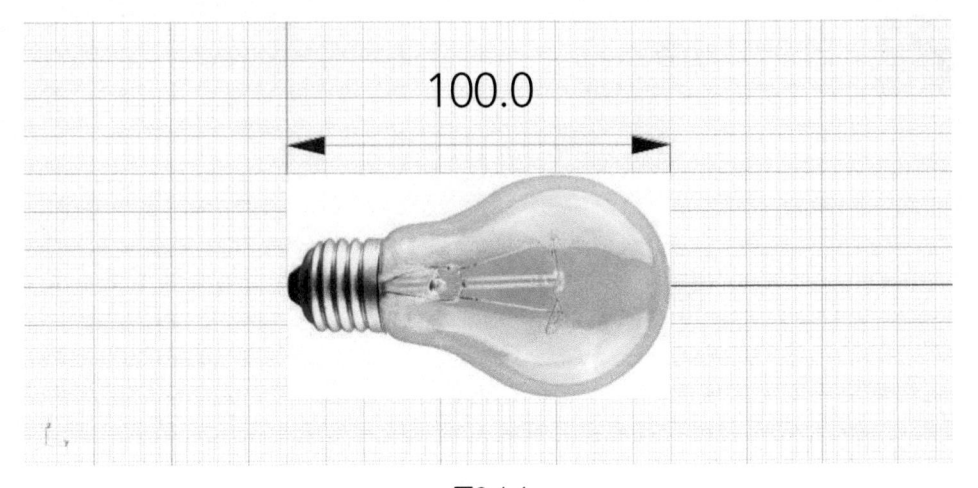

图2-1-1

④ 调整底图。

通过键盘输入数值，将缩放比例调整到长度为100mm，并将图示底图图片中心位置放到Rhino软件原点（0，0，0）。

将白炽灯图片透明度调节至50%左右，方便观察建模细节。如图2-1-2所示。

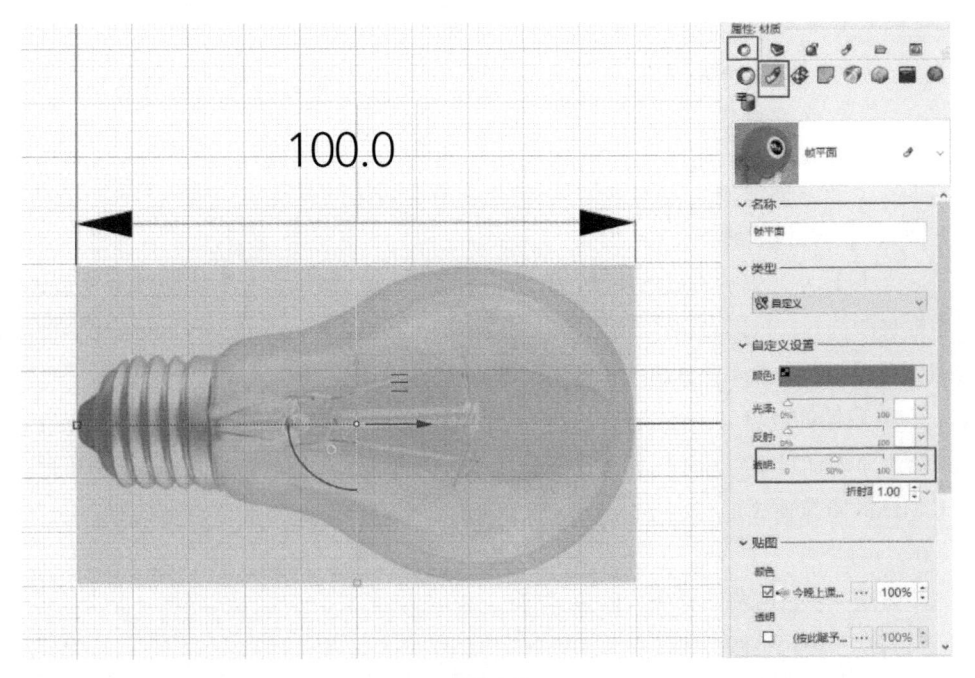

图2-1-2

⑤ 调节确定好底图位置之后，在图层面板中单击 新建图层并命名为"底图"，左键单击选中图片，右键单击"底图"图层，选择"改变物件图层"并单击锁定图层，确保操作过程中不会因为操作原因导致"底图"位置变动。如图2-1-3、图2-1-4所示。

图2-1-3   图2-1-4

⑥ 用控制点曲线绘制玻璃灯泡轮廓曲线（绘制曲线时尽量用少点，一般转弯地方用三个点控制，相切曲面曲线端点注意三点共线，点数越少曲线越圆滑）。如图2-1-5所示。

⑦ 曲线绘制好后，确定曲线中点位置，利用旋转成形命令，将玻璃灯泡旋转成形，这样灯泡的形状就出来了。如图2-1-6所示。

图2-1-5   图2-1-6

⑧ 使用 🖊️ 命令绘制弹簧线，将螺距设置为6mm，半径参考底图螺纹大小。如图2-1-7所示。

⑨ 复制弹簧线并向右移动3mm。如图2-1-8所示。

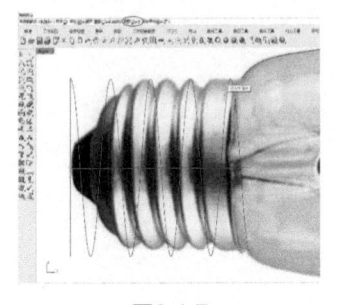
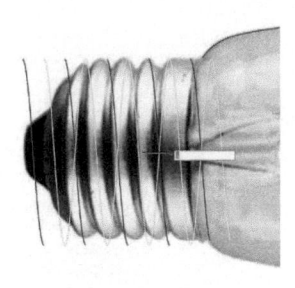

图2-1-7   图2-1-8

⑩ 将底图隐藏，用控制点曲线命令 🔲，连接左侧两弹簧线的端点，然后重建曲线为3阶6点。如图2-1-9所示。

⑪ 将曲线中间两个点选中向下拖动，做出螺纹形状。如图2-1-10所示。

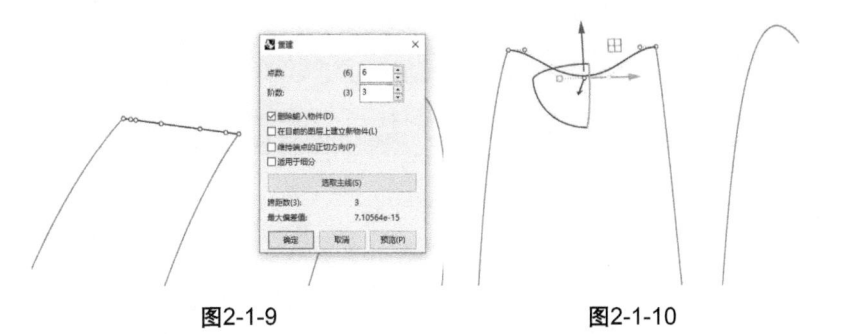

图2-1-9   图2-1-10

⑫ 选择 🔲 中的双轨扫掠命令（一般以长的曲线作为轨道线，短的作为截面线），然后复制当前生成的曲面，向右移动3mm。如图2-1-11～图2-1-13所示。

图2-1-11

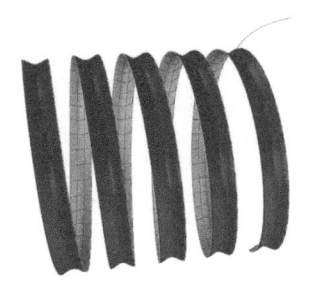

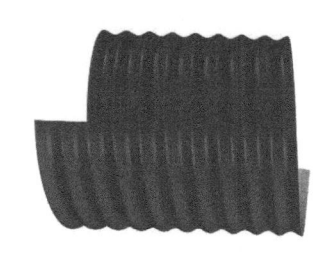

图2-1-12   图2-1-13

⑬ 利用矩形命令绘制一矩形，将多余的螺纹曲面修剪掉。如图2-1-14、图2-1-15所示。

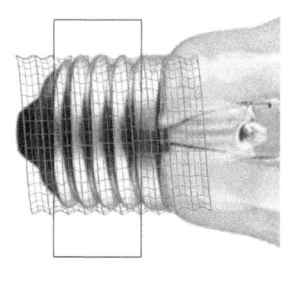

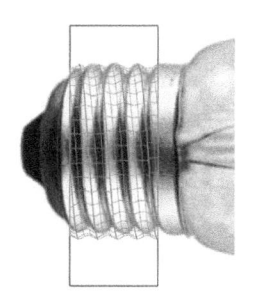

图2-1-14   图2-1-15

⑭ 绘制曲线，在0点位置绘制参考线，并修剪多余曲线。如图2-1-16、图2-1-17所示。

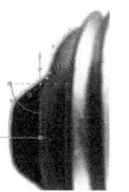

图2-1-16   图2-1-17

⑮ 制作灯泡末端黑色部分，利用控制点曲线工具，沿黑色部分边缘绘制，最后将绘制好的轮廓曲线旋转成形。如图2-1-18所示。

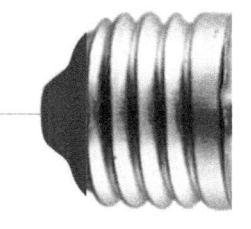

⑯ 混接曲面，勾选连锁边缘。将滑块中的数值改为相同并锁定同步，勾选曲率，将曲面调节为合适状态后点击"确定"。如图2-1-19、图2-1-20所示。

图2-1-18

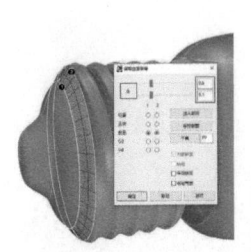

图2-1-19   图2-1-20

⑰ 同理混接金属螺纹与玻璃球。如图2-1-21所示。

⑱ 使用结构线分割曲面,将灯泡、金属螺纹分开划分图层。如图2-1-22所示。

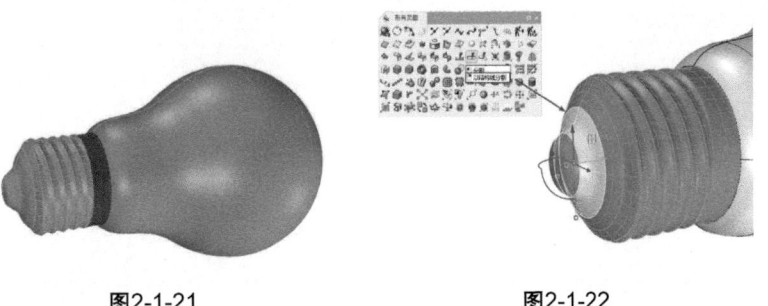

图2-1-21   图2-1-22

⑲ 最后按照材质划分图层,完成建模。如图2-1-23所示。

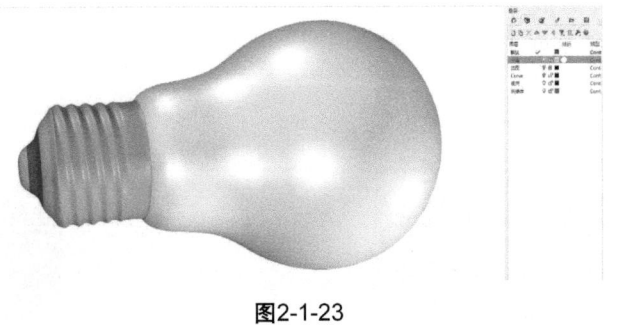

图2-1-23

 2.1.3 小结

    本章节的练习覆盖了前面章节中所涉及的基本命令,同时学习了一些在犀牛软件使用中常见的思路与技巧,大家在练习过后应该熟练掌握旋转成形、螺纹线的使用与曲线绘制等操作。除了基本操作命令以外,尤为重要的是对建模思路的思考,要学会举一反三,在构建一个新的对象时,可以熟练运用所学命令并加以创新。

2.2 马提灯建模

 ### 2.2.1 建模思路

本产品从建模方式与形体特点上可大致划分为两个部分。中间主体部分（旋转体）旋转成形，再把挖空部分利用布尔运算减掉；两侧把手主要利用双轨扫掠形成。此模型具有结构复杂但成形方式单一的特点。

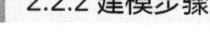 ### 2.2.2 建模步骤

①底图放置，将参考图底部中点放在原点，缩放到300mm，并锁定图层，如图2-2-1所示。

②将图片拖动到犀牛前视图，以垂直平面直径画圆，绘制300mm长参考线缩放底图，将图片放入图层锁定，如图2-2-2所示。

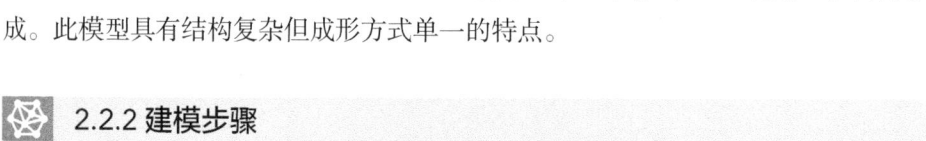

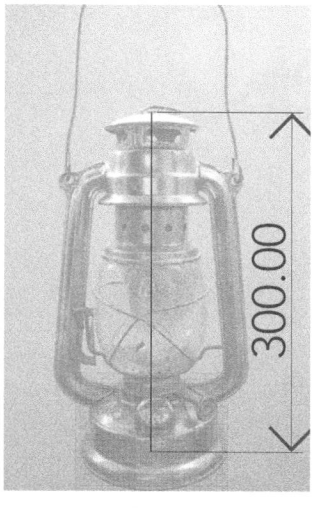

图2-2-1　　　　　　图2-2-2

③ 用控制点曲线绘制如图2-2-3所示曲线并偏移2mm。

④ 360°旋转成形，如图2-2-4所示。

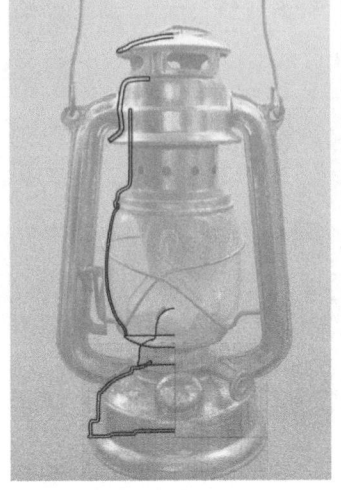
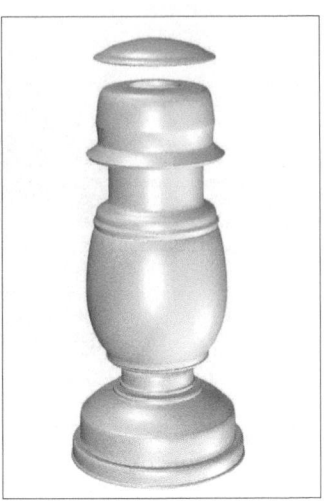

图2-2-3　　　　　　　　　　图2-2-4

⑤ 根据以下数据在顶视图绘制圆角矩形并向内，如图2-2-5、图2-2-6所示。

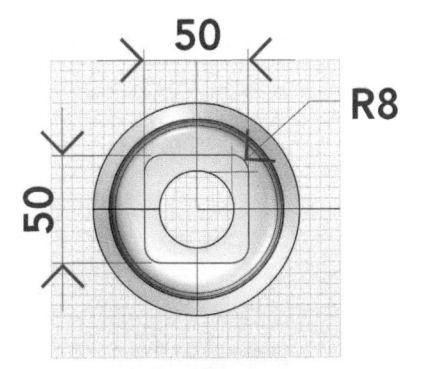

图2-2-5

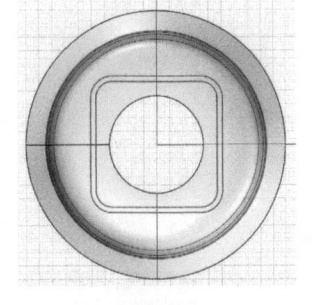

图2-2-6

⑥ 偏移2mm，参考底图挤出实体，布尔运算差集删掉多余部分，如图2-2-7～图2-2-9所示。

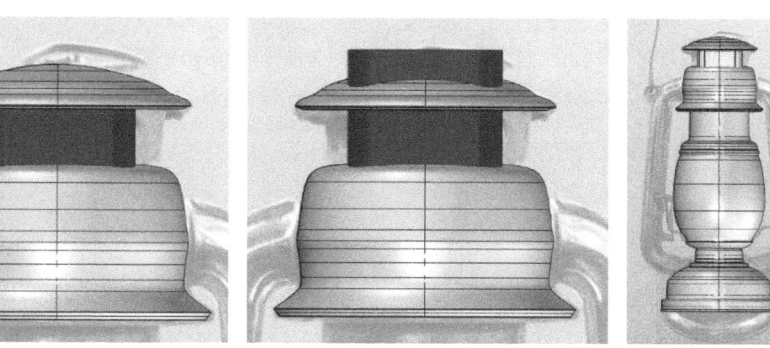
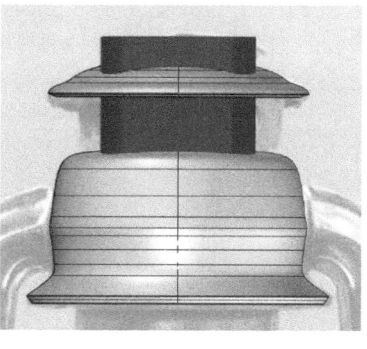
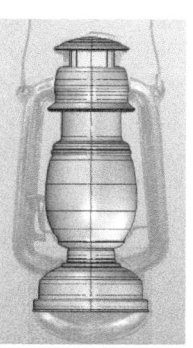
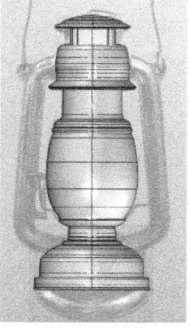

图2-2-7　　　　　　　　　图2-2-8　　　　　　　　　图2-2-9

⑦ 绘制圆角矩形，对齐到中心，如图2-2-10、图2-2-11所示。

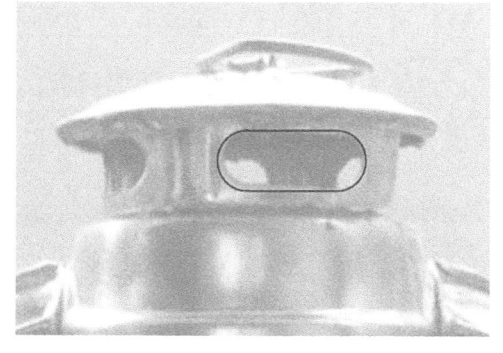
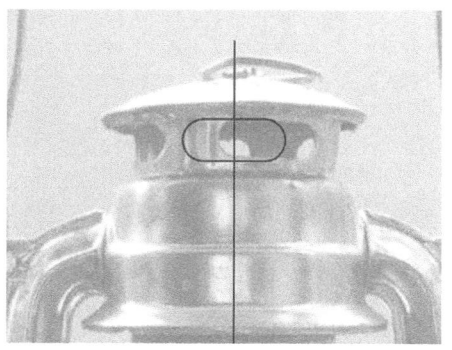
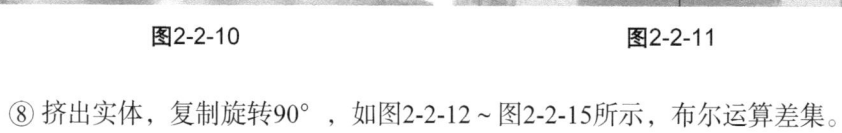

图2-2-10　　　　　　　　　　　　图2-2-11

⑧ 挤出实体，复制旋转90°，如图2-2-12～图2-2-15所示，布尔运算差集。

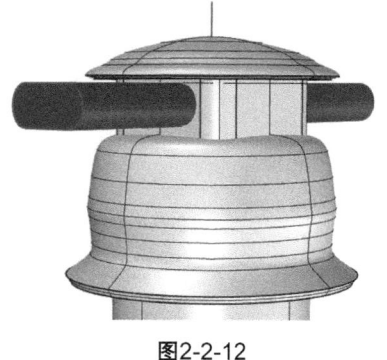
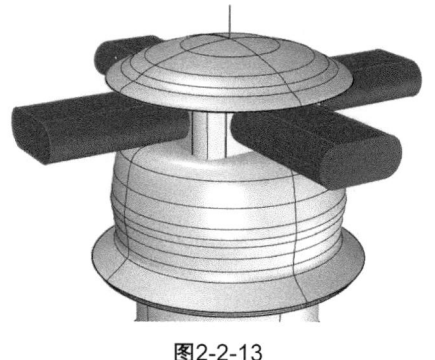

图2-2-12　　　　　　　　　　　　图2-2-13

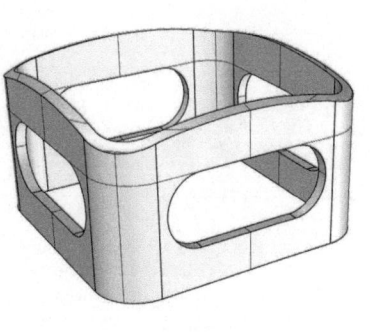

图2-2-14

图2-2-15

⑨ 绘制把手部分。绘制轮廓曲线，复制曲线，并调节成内侧轮廓曲线，如图2-2-16、图2-2-17所示。

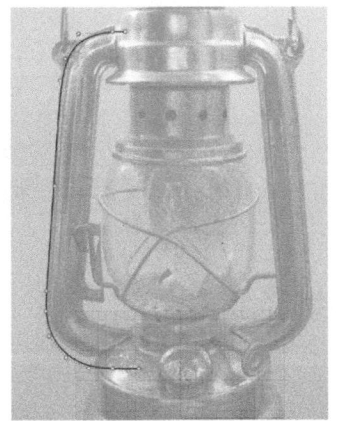

图2-2-16

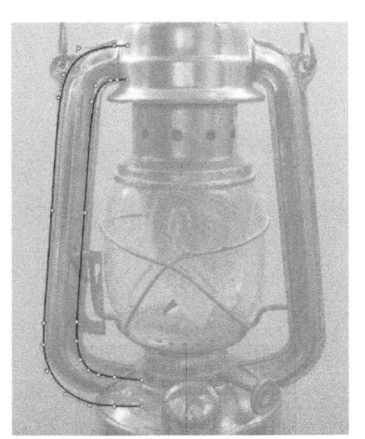

图2-2-17

⑩ 连接两条曲线的端点，并重建曲线为3阶11点调节成截面线，如图2-2-18～图2-2-20所示。

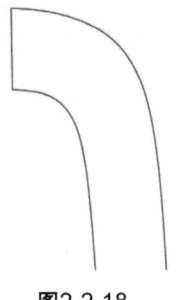

图2-2-18

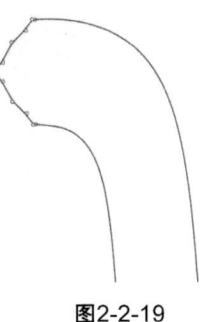

图2-2-19

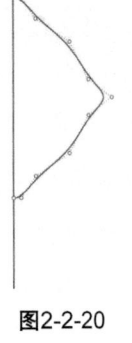

图2-2-20

⑪ 两点定位曲线（缩放选择"三轴"，复制改为"是"），如图2-2-21 ～ 图
2-2-23所示。

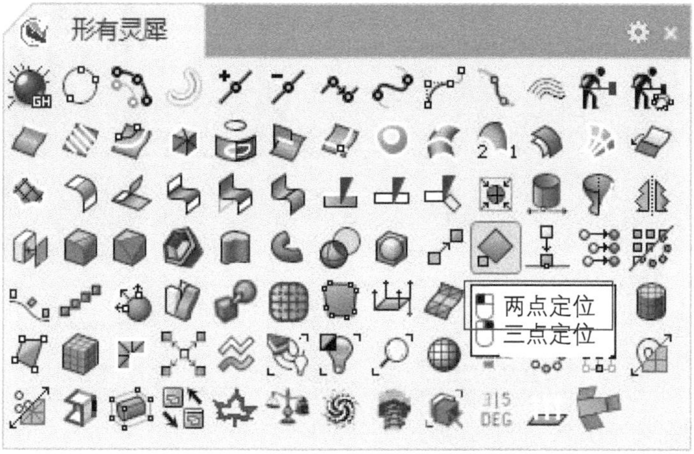

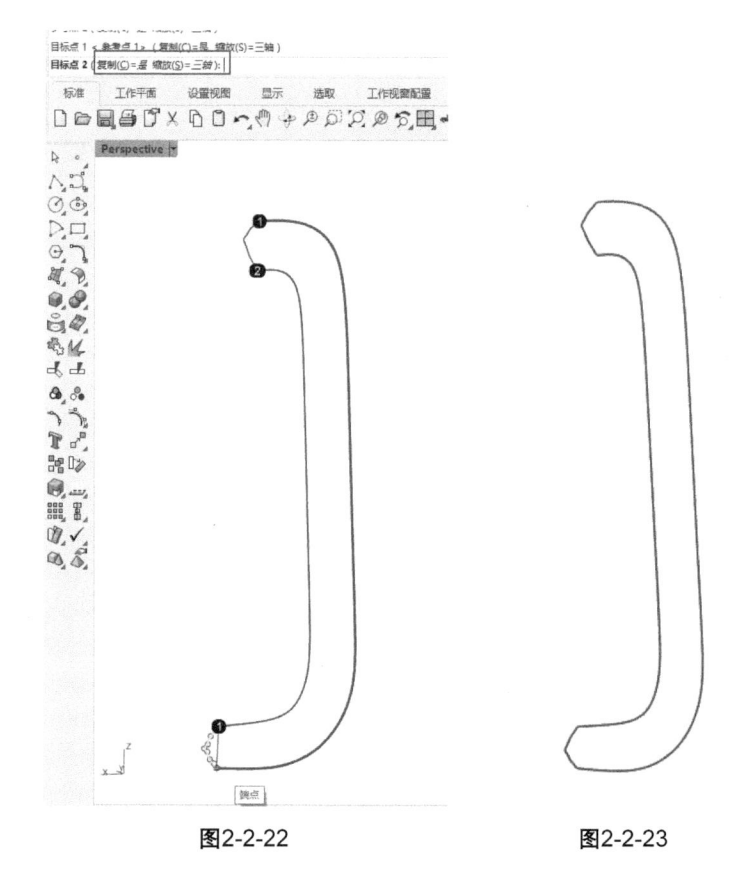

图2-2-21

图2-2-22　　　　　　　　　　图2-2-23

⑫ 双轨扫掠，镜像另一侧，组合并加盖，如图2-2-24～图2-2-27所示。

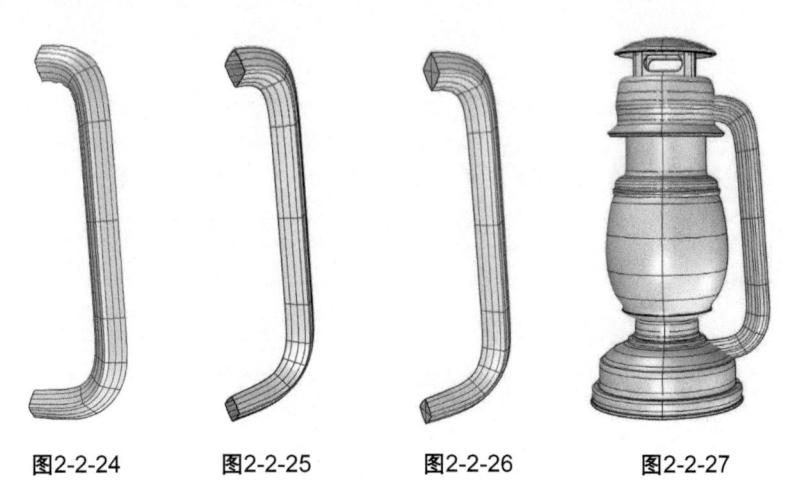

图2-2-24　　　　图2-2-25　　　　图2-2-26　　　　图2-2-27

⑬ 绘制曲线，如图2-2-28所示。

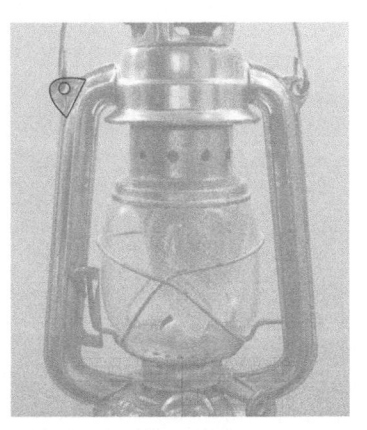

图2-2-28

⑭ 向两侧挤出2mm实体，如图2-2-29所示。

⑮ 倒圆角半径1mm，如图2-2-30所示。

图2-2-29　　　　　　　　　　图2-2-30

⑯ 布尔运算合集，倒圆角0.5mm，如图2-2-31、图2-2-32所示。

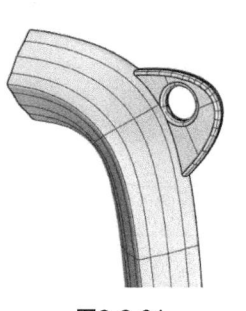
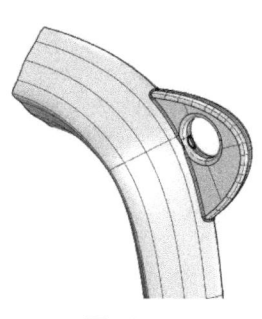

图2-2-31   图2-2-32

⑰ 镜像把手，与主体进行布尔运算差集，删掉多余部件，然后与主体布尔运算合集，如图2-2-33、图2-2-34所示。

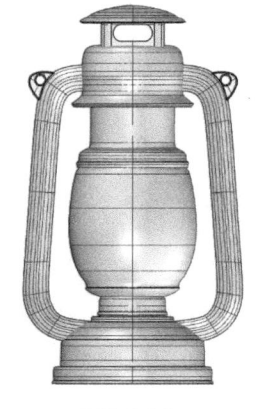

图2-2-33   图2-2-34

⑱ 框选全部边缘，倒圆角0.8mm，如图2-2-35、图2-2-36所示。

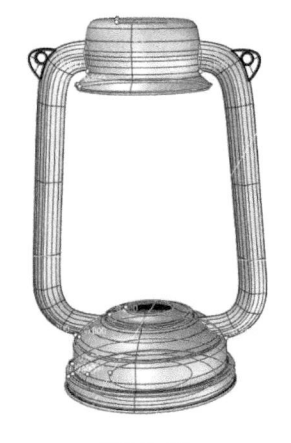

图2-2-35   图2-2-36

⑲ 三点绘制圆，对齐到中心，挤出实体，环形阵列8个，与主体进行布尔运算差集，如图2-2-37～图2-2-41所示。

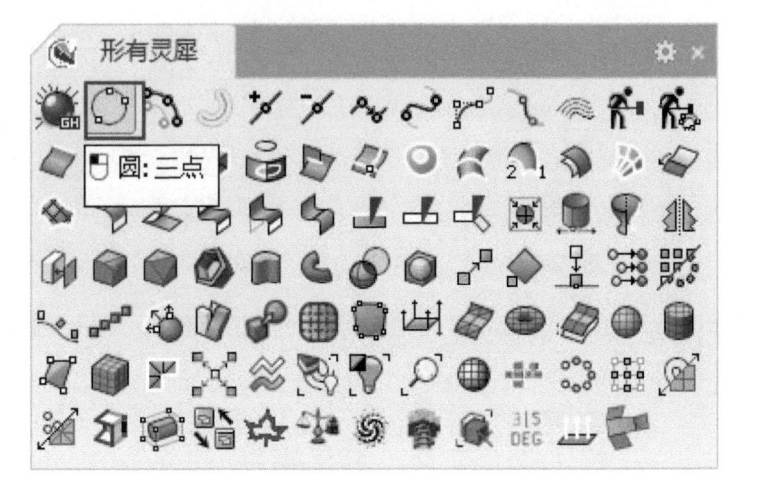

图2-2-37

图2-2-38

图2-2-39

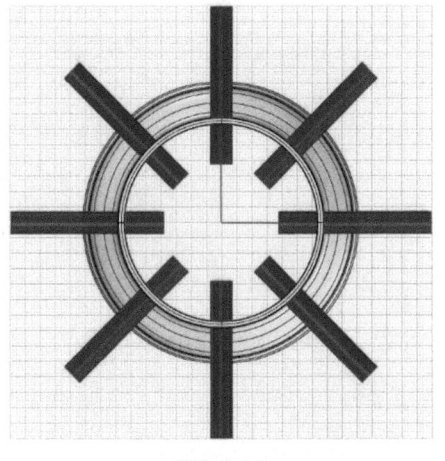

图2-2-40

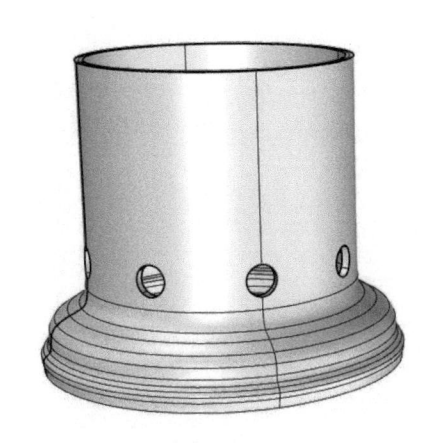

图2-2-41

⑳ 制作直径为2mm的铁丝防护，偏移玻璃罩曲面1mm，如图2-2-42所示。

图2-2-42

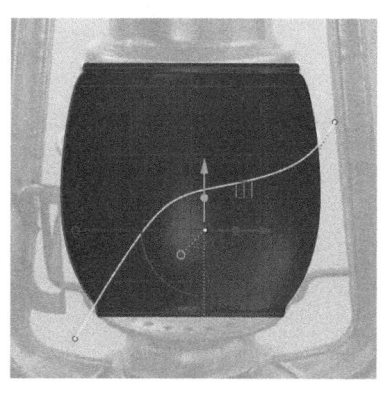

图2-2-43

㉑ 投影曲线到曲面，生成直径1mm的圆管，如图2-2-43、图2-2-44所示。

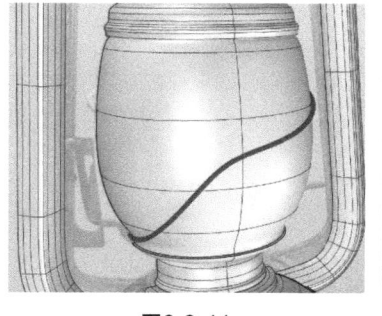

图2-2-44

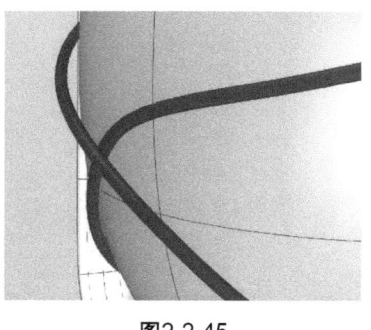

图2-2-45

㉒ 将上一步偏移的曲面再次偏移2mm，绘制另一条曲线进行相同的操作，如图2-2-45、图2-2-46所示。

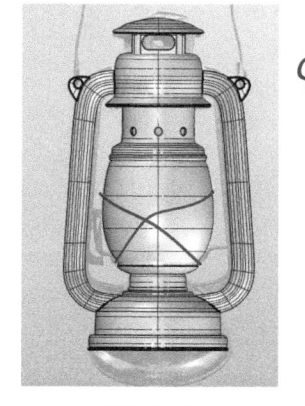

图2-2-46

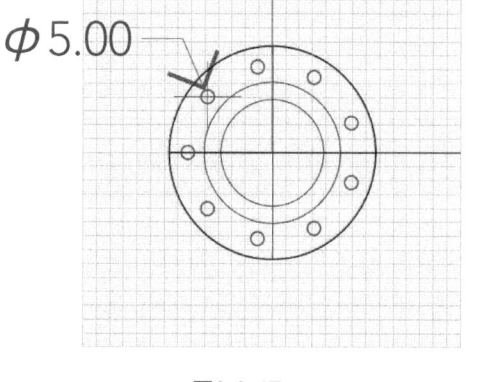

图2-2-47

㉓ 绘制直径5mm的圆环形整列9个，挤出实体，与主体圆盘进行布尔运算差集，如图2-2-47～图2-2-50所示。

 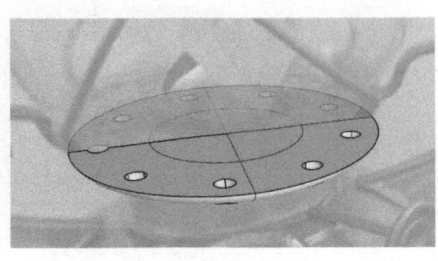 

图2-2-48　　　　　　　图2-2-49　　　　　　　图2-2-50

㉔ 布尔运算差集，如图2-2-51、图2-2-52所示。

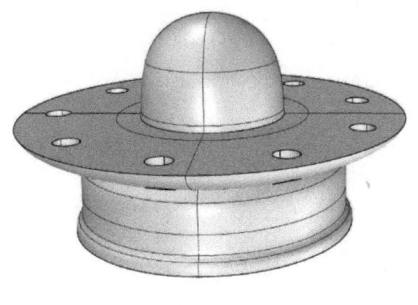 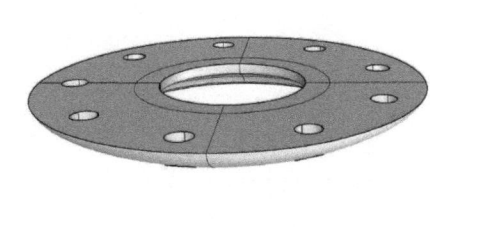

图2-2-51　　　　　　　　　　　图2-2-52

㉕ 抽壳2mm，点选底部平面，如图2-2-53～图2-2-55所示。

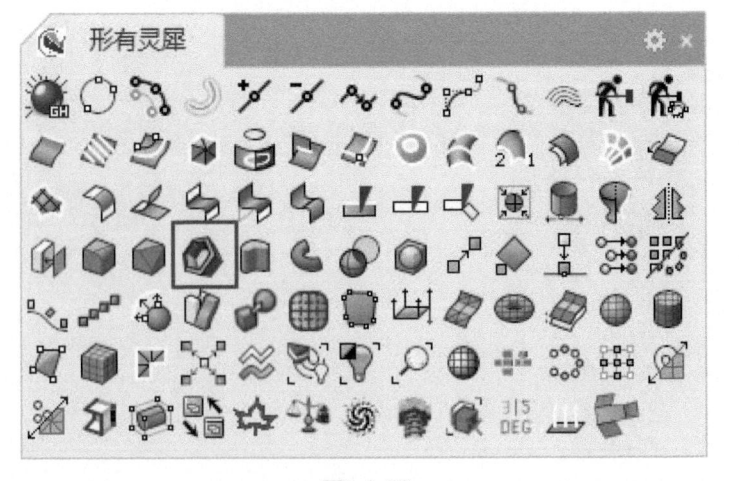

图2-2-53

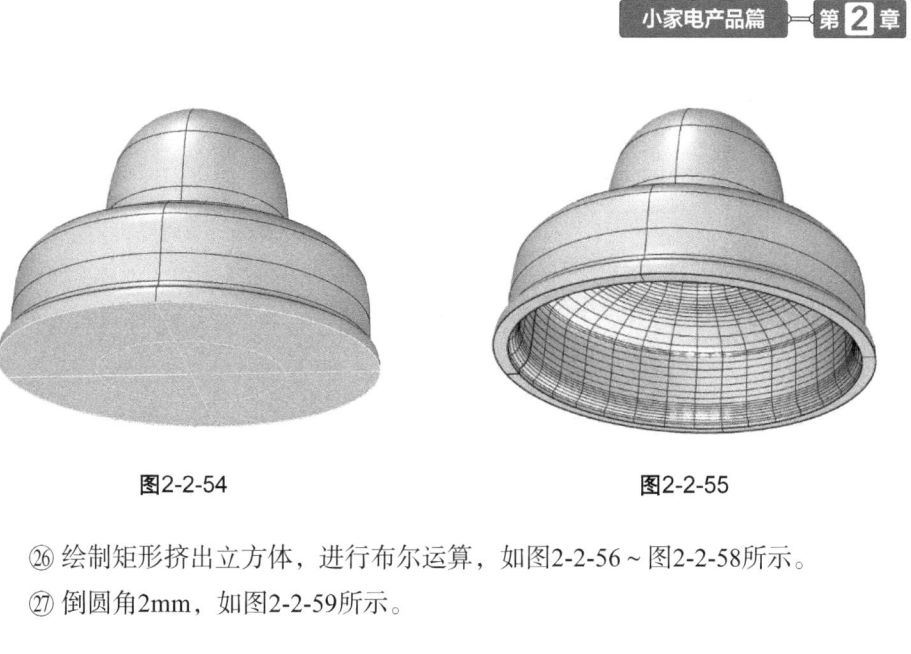

图2-2-54 图2-2-55

㉖ 绘制矩形挤出立方体，进行布尔运算，如图2-2-56 ~ 图2-2-58所示。

㉗ 倒圆角2mm，如图2-2-59所示。

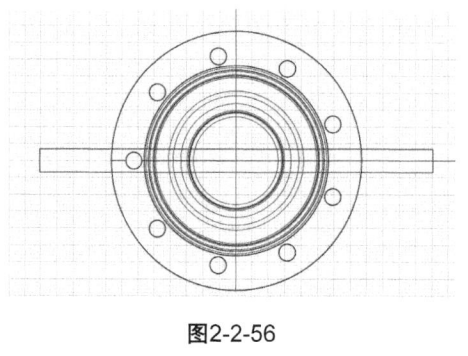

图2-2-56

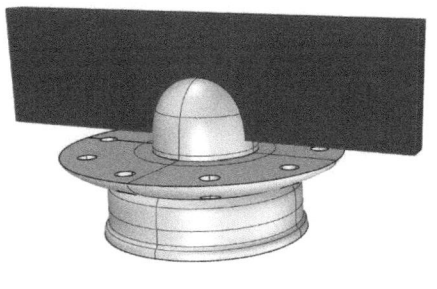
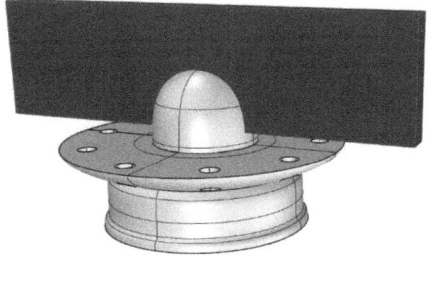
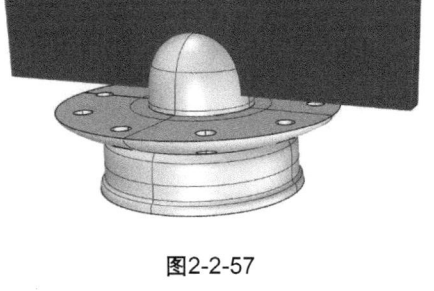

图2-2-57

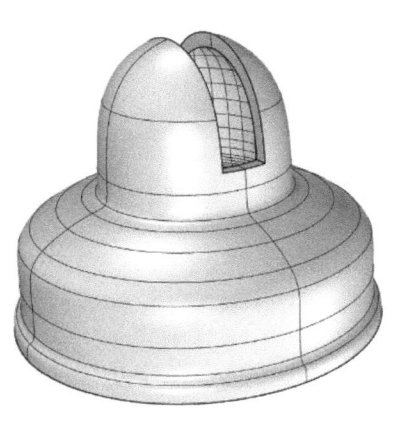

图2-2-58 图2-2-59

㉘ 倒圆角0.8mm，如图2-2-60、图2-2-61所示。

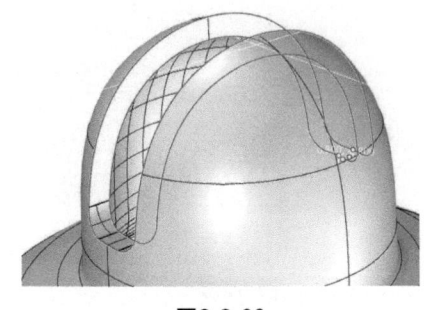 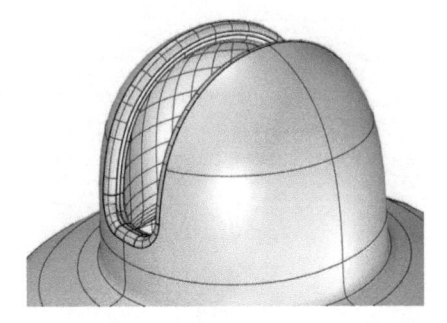

图2-2-60   图2-2-61

㉙ 绘制圆柱与截面线并旋转成形，如图2-2-62、图2-2-63所示。

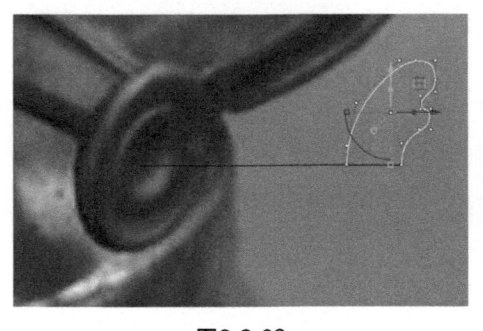 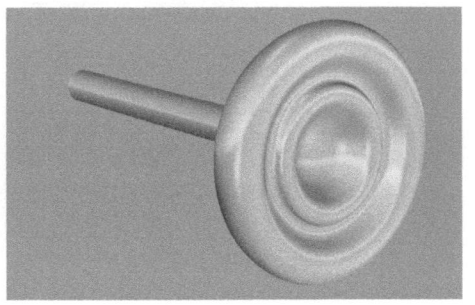

图2-2-62   图2-2-63

㉚ 与工作平面垂直、直径绘制圆，将绘制好的圆的中心点对齐到原点，绘制直线重建3阶6点，如图2-2-64、图2-2-65所示。

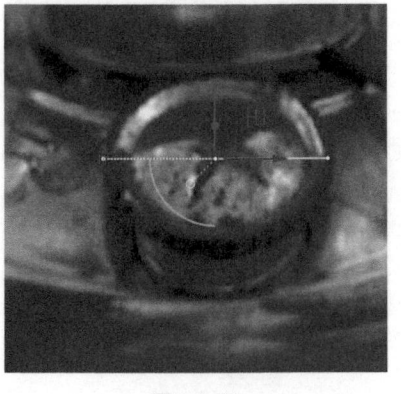 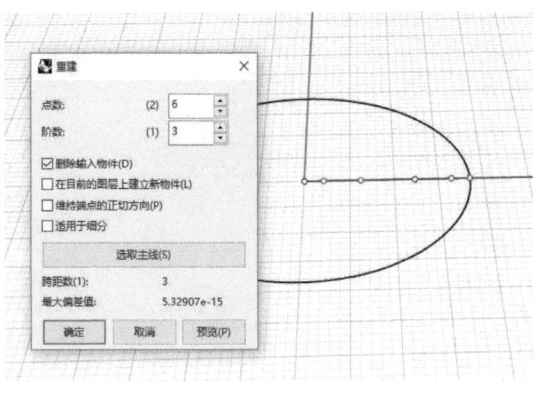

图2-2-64   图2-2-65

③1 开启控制点调节截面曲线，如图2-2-66、图2-2-67所示。

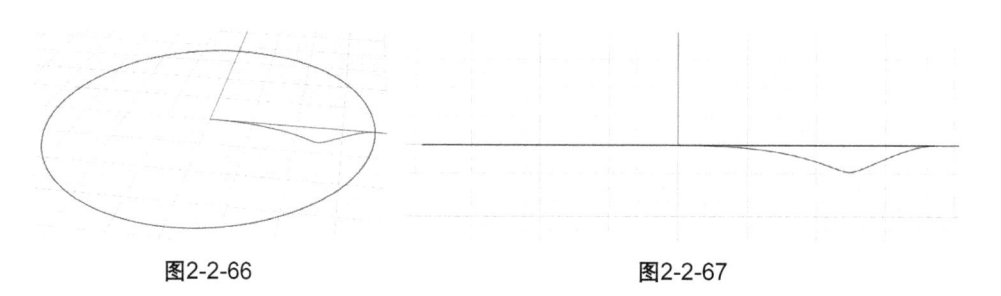

图2-2-66   图2-2-67

③2 旋转成形，如图2-2-68所示。

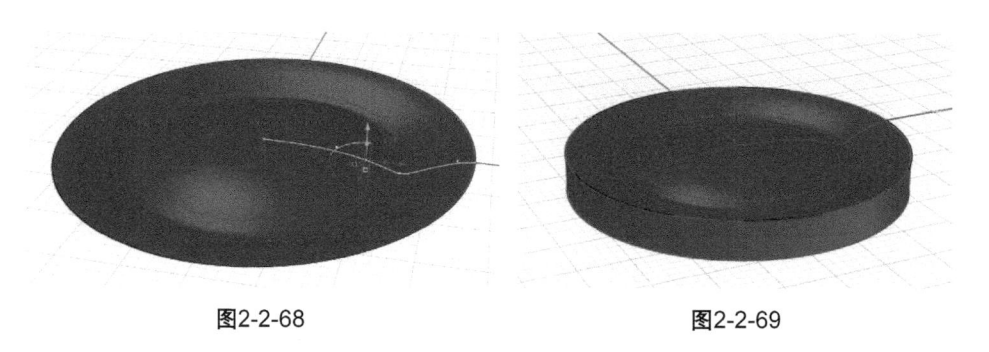

图2-2-68   图2-2-69

③3 挤出4mm，全选组合，加盖，如图2-2-69～图2-2-71所示。

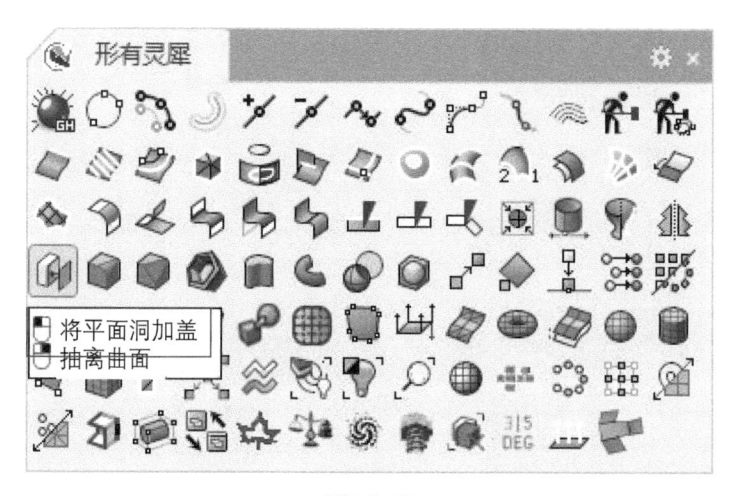

图2-2-70

图2-2-71

㉞ 绘制螺纹曲面，具体操作参考上一个白炽灯案例。布尔运算两个部件，如图2-2-72 ~ 图2-2-74所示。

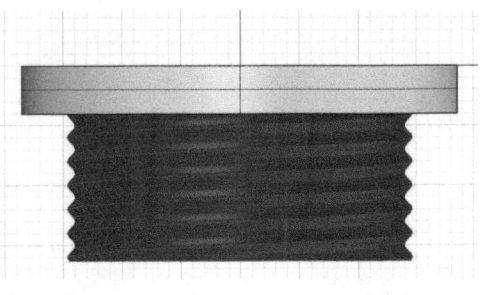

图2-2-72

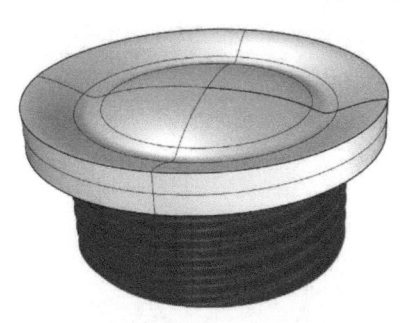

图2-2-73

图2-2-74

㉟ 复制边缘，单轴缩放，生成半径为0.4mm的圆柱，如图2-2-75、图2-2-76所示。

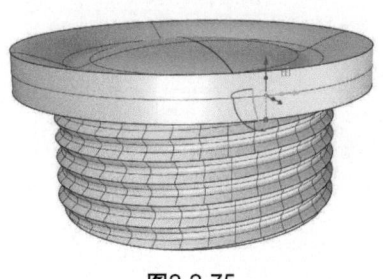

图2-2-75

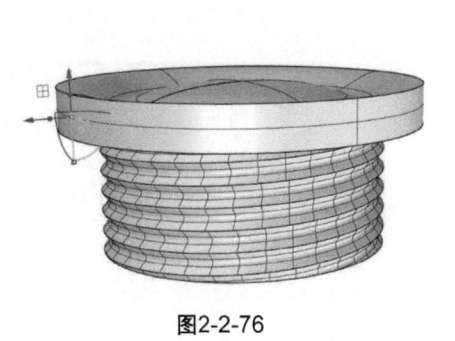

图2-2-76

㊱ 环形整列40个，布尔运算差集，如图2-2-77、图2-2-78所示。

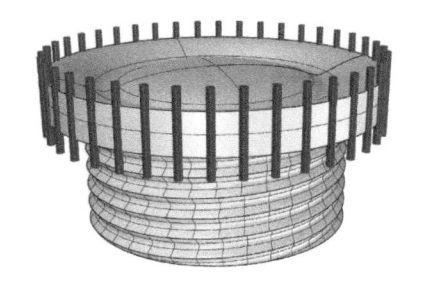

图2-2-77

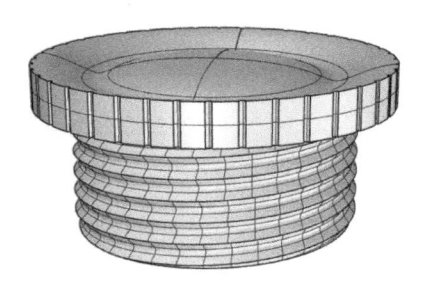

图2-2-78

㊲ 倒圆角0.2mm，如图2-2-79、图2-2-80所示。

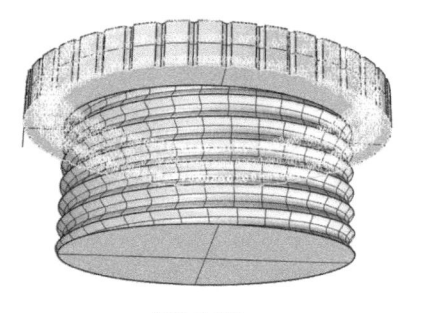

图2-2-79

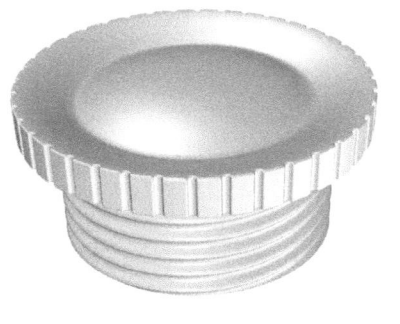

图2-2-80

㊳ 做好的部件参考底图放置到相应的位置，如图2-2-81所示。

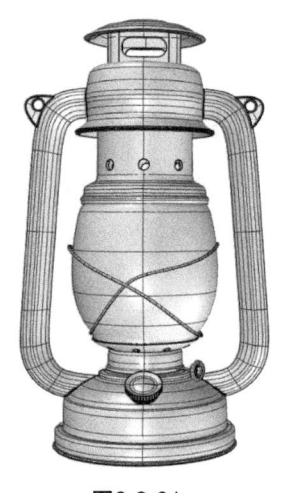

图2-2-81

㊴ 绘制曲线生成直径为3的实心圆管，如图2-2-82、图2-2-83所示。

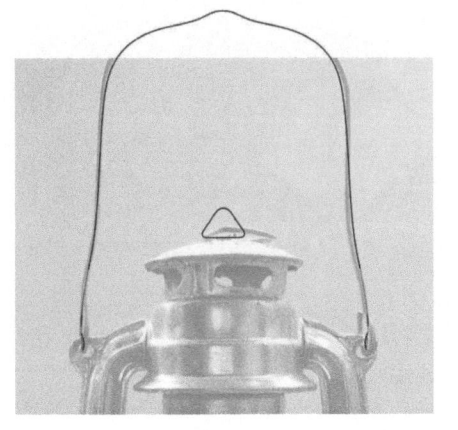

图2-2-82

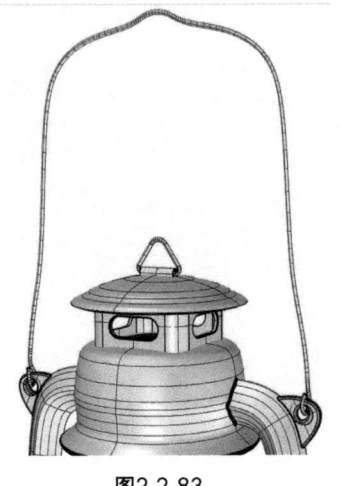

图2-2-83

㊵ 模型大致完成，划分图层，其他细节根据讲过的内容完善，如图2-2-84所示。

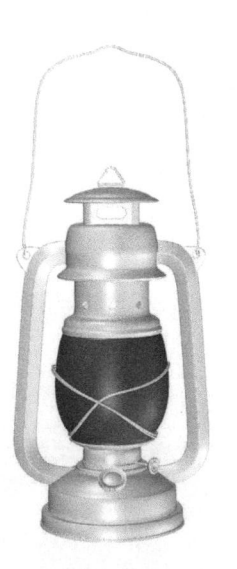

图2-2-84

2.2.3 小结

本节从灯体与灯臂两个部分出发，运用旋转成形、布尔运算、双轨扫掠等命令完成模型建设，本产品看似复杂却非常易于上手。通过对一个命令反复地练习可以熟练掌握该命令，从而更加灵活地去设计出更多的作品。

2.3 **飞利浦吹风机建模**

飞利浦的这款负离子吹风机,机身小巧轻便,冷热交替,风速可变换,风力比较强劲,机身可折叠,手柄小巧易握,还配有冷风定型出风头和卷发定型出风头。

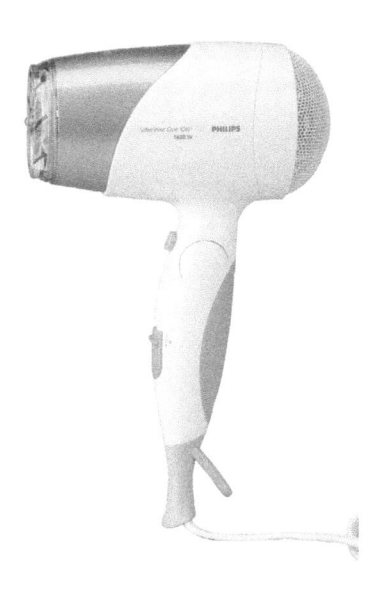

 2.3.1 建模思路

我们按照老规矩,建模前先分析:产品直观看上去大致分为三大块,一个主体出风头部,一个把手,最后是电线与插头;主体的造型基本可以看成旋转成形的旋转体,把手就是双轨扫掠,插头还有电线可以用我们之前分享过的"插头"标准件直接拿来用,细节部分基本还是布尔运算、倒圆角之类的命令。

 2.3.2 建模步骤

① 今天我们用Rhino7,以参考图建模的方式建模。首先声明一下参考图引用的网图非本次教程制作,将底图拖进犀牛的Front视图。根据官网公布的产品尺寸240mm×182mm×150mm进行操作。如图2-3-1所示。

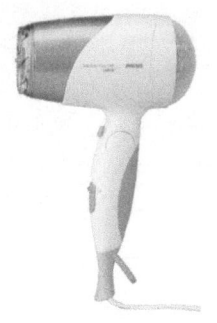

规格参数	产品尺寸/mm	240×182×150
	额定功率/W	1600
	产品净重/kg	0.72
	电源线长度/cm	150

图2-3-1

绘制矩形F10开启控制点，调整矩形与底图外轮廓相切。导入时选择图像，如图2-3-2、图2-3-3所示。

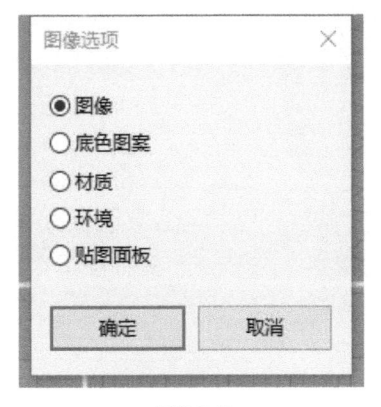

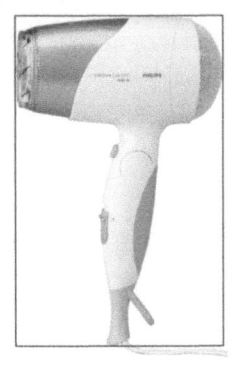

图2-3-2   图2-3-3

② 根据官网公布的产品尺寸240mm×182mm×150mm（折叠后的尺寸，实际测量其实物裸机吹风机头部的长度为160mm左右），矩形框以底部中点为参考点将其移动到0点位置。如图2-3-4所示。

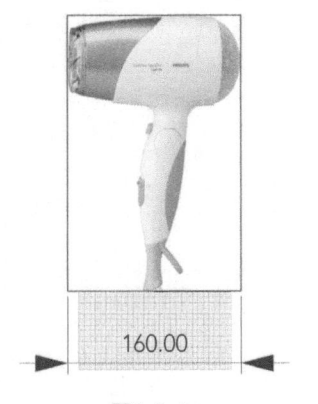

图2-3-4

③ 新建图层为"底图"并将参考图选中右击"底图"图层，将其改变物件图层并锁定（可以点击滑轮）。如图2-3-5、图2-3-6所示。

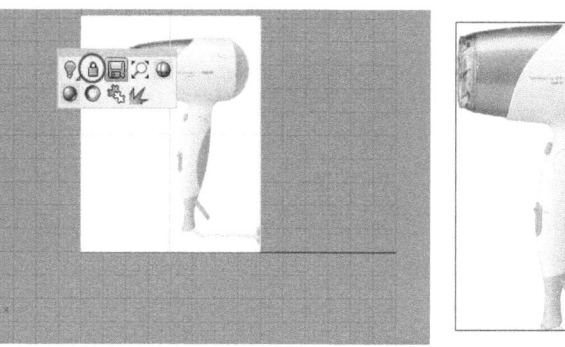

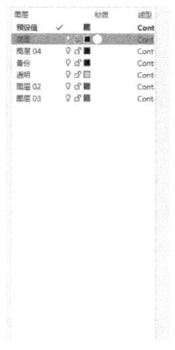

图2-3-5   图2-3-6

④ 绘制曲线。如图2-3-7、图2-3-8所示。

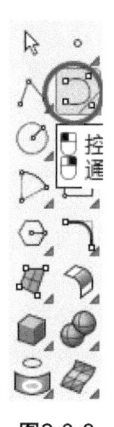

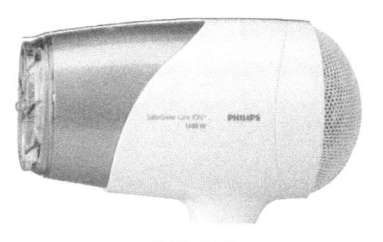

图2-3-7   图2-3-8

⑤ 垂直直径画圆，注意要将圆画在曲线上。如图2-3-9～图2-3-11所示。

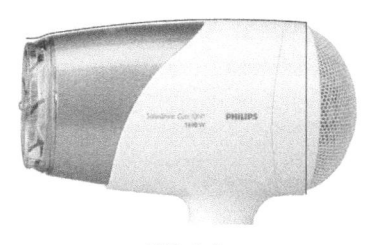

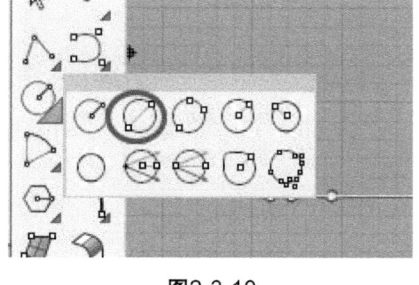

图2-3-9   图2-3-10

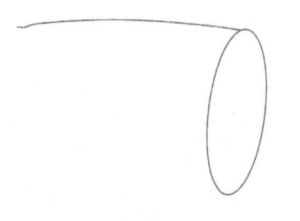

图2-3-11

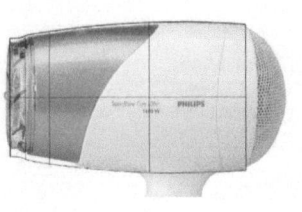

图2-3-12

⑥ 沿着路径旋转。如图2-3-12、图2-3-13所示。

⑦ 绘制曲线（注意末端三点共线）。如图2-3-14所示。

图2-3-13

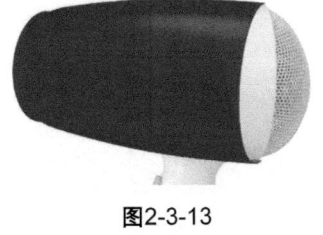

图2-3-14

⑧ 旋转成形。如图2-3-15、图2-3-16所示。

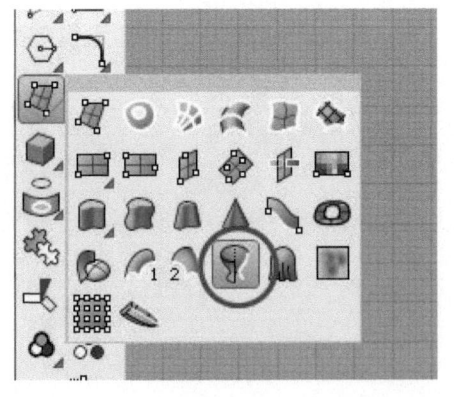

图2-3-15

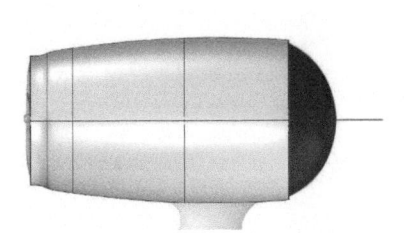

图2-3-16

⑨ 绘制3阶7点曲线。如图2-3-17、图2-3-18所示。

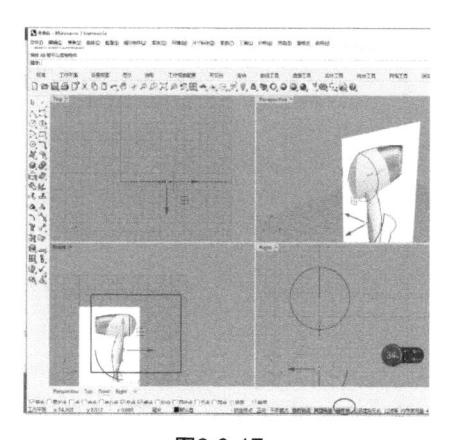
图2-3-17

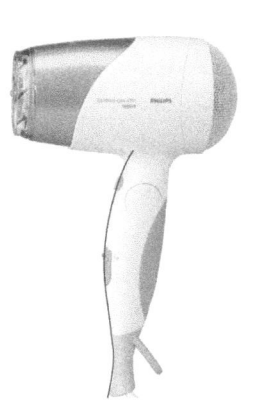
图2-3-18

⑩ 复制曲线，开启控制点并只移动x轴将曲线与右侧轮廓调节贴合。如图2-3-19所示。

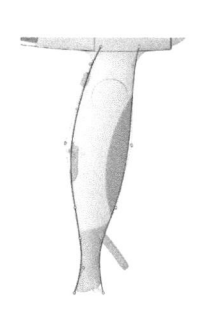
图2-3-19

⑪ 垂直直径画圆。如图2-3-20～图2-3-22所示。

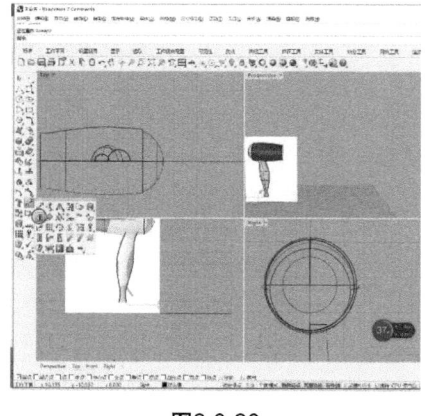
图2-3-20

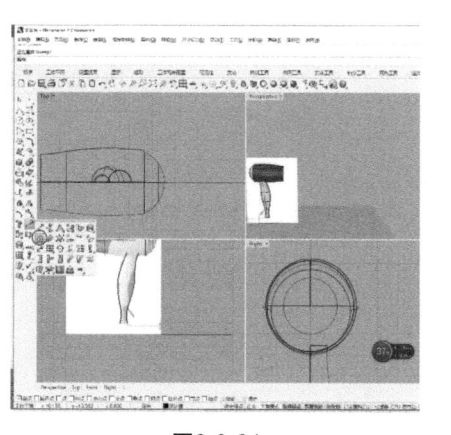
图2-3-21

图2-3-22

⑫ 用两侧轨道线将两条截面线修剪掉一半。如图2-3-23、图2-3-24所示。

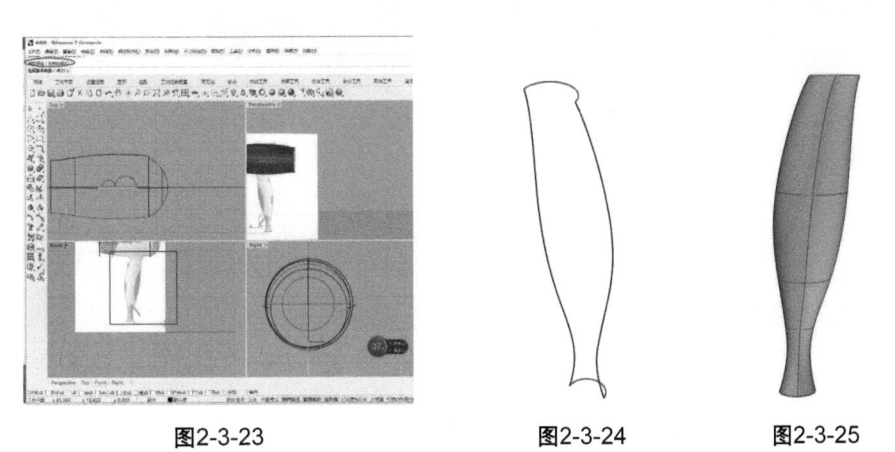

图2-3-23　　　　　　　图2-3-24　　　　　　图2-3-25

⑬ 双轨扫掠出精简曲面（条件：曲线属性一致；非闭合曲线）。如图2-3-25～图2-3-27所示。

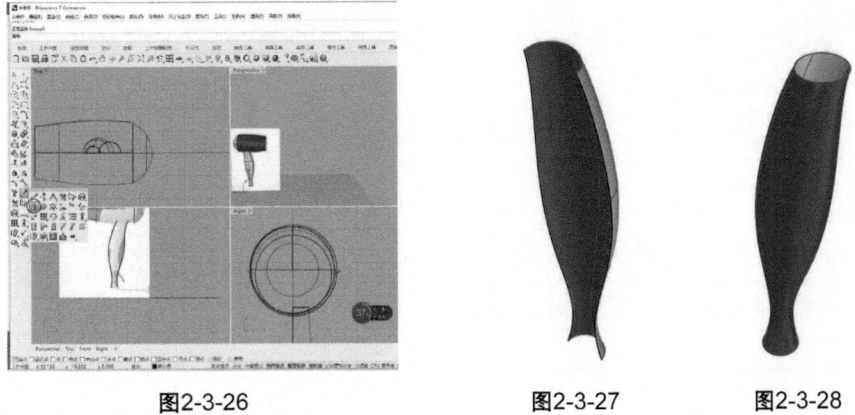

图2-3-26　　　　　　　图2-3-27　　　　　图2-3-28

⑭ 镜像曲面并组合。如图2-3-28、图2-3-29所示。

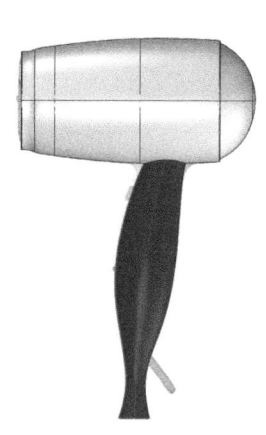

图2-3-29

⑮ 绘制两条曲线（注意观察蓝色圈圈的位置，将曲线绘制到位）。如图2-3-30、图2-3-31所示。

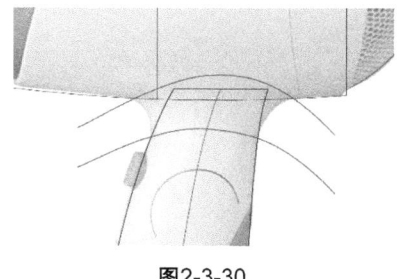

图2-3-30

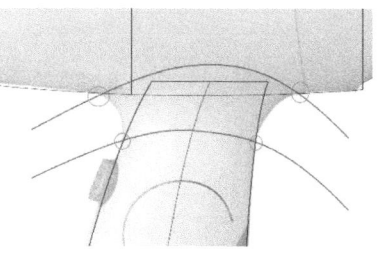

图2-3-31

⑯ 修剪曲面。如图2-3-32、图2-3-33所示。

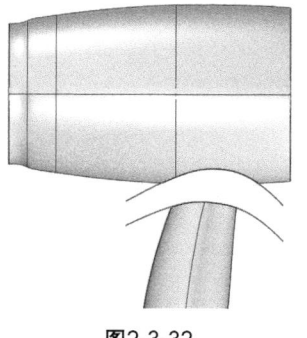

图2-3-32

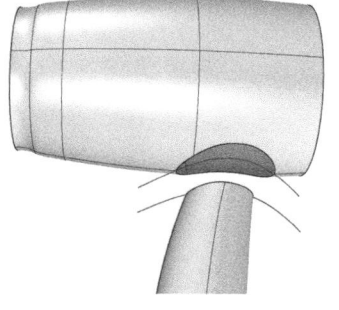

图2-3-33

⑰ 混接曲面（连锁边缘）。如图2-3-34、图2-3-35所示。

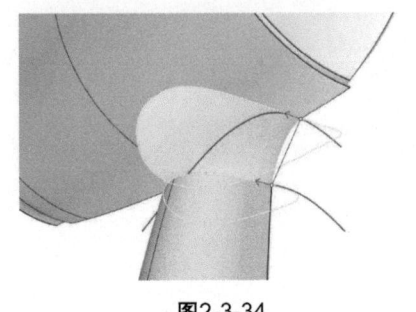

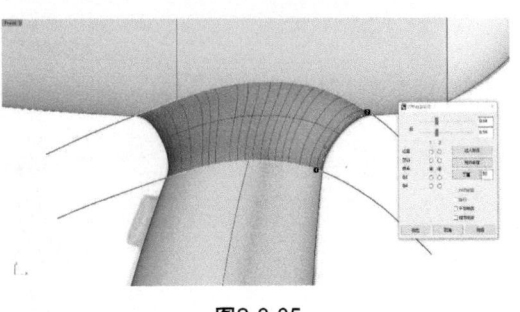

图2-3-34　　　　　　　　　　　图2-3-35

⑱ 组合并加盖。如图2-3-36所示。

⑲ 绘制5条曲线，并向两侧挤出曲面。如图2-3-37、图2-3-38所示。

⑳ 布尔运算分割并删掉最下端多余物体。如图2-3-39所示。

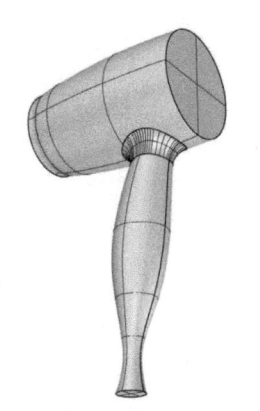

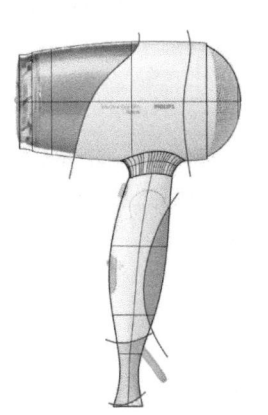

图2-3-36　　　　　　　　　　　图2-3-37

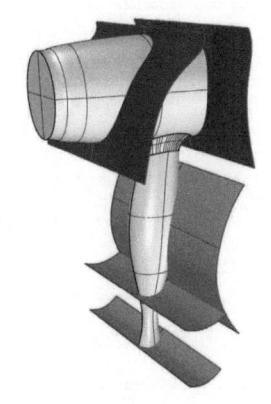

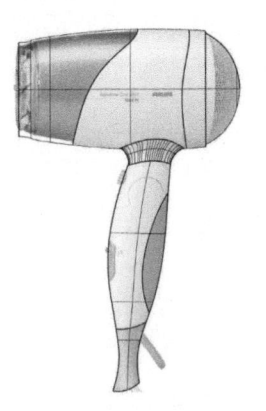

图2-3-38　　　　　　　　　　　图2-3-39

㉑ 选择头部两个物体等比缩放（也可以绘制轮廓线经过旋转成形获得）。如图2-3-40、图2-3-41所示。

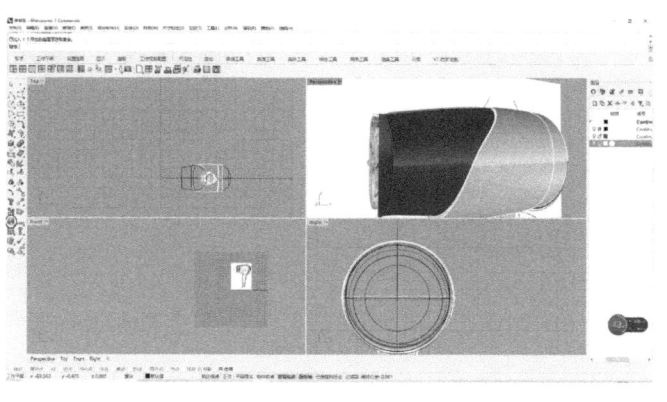

图2-3-40

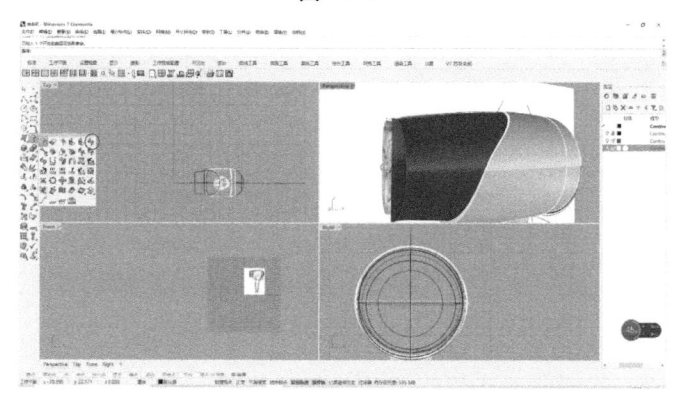

图2-3-41

㉒ 缩放工具将前半部分进行等比缩小后，采取混接曲面。

㉓ 复制边缘加放样。如图2-3-42～图2-3-46所示。

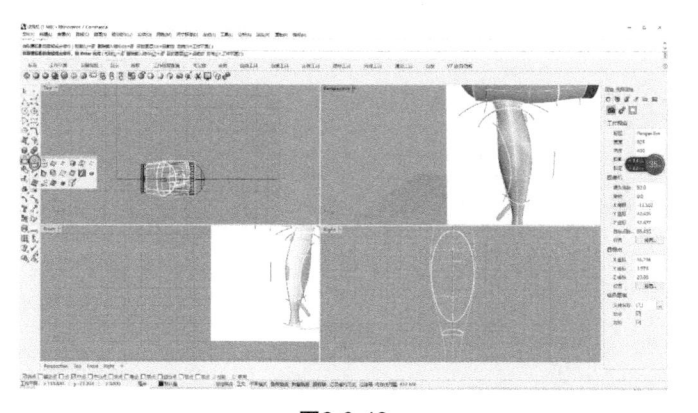

图2-3-42

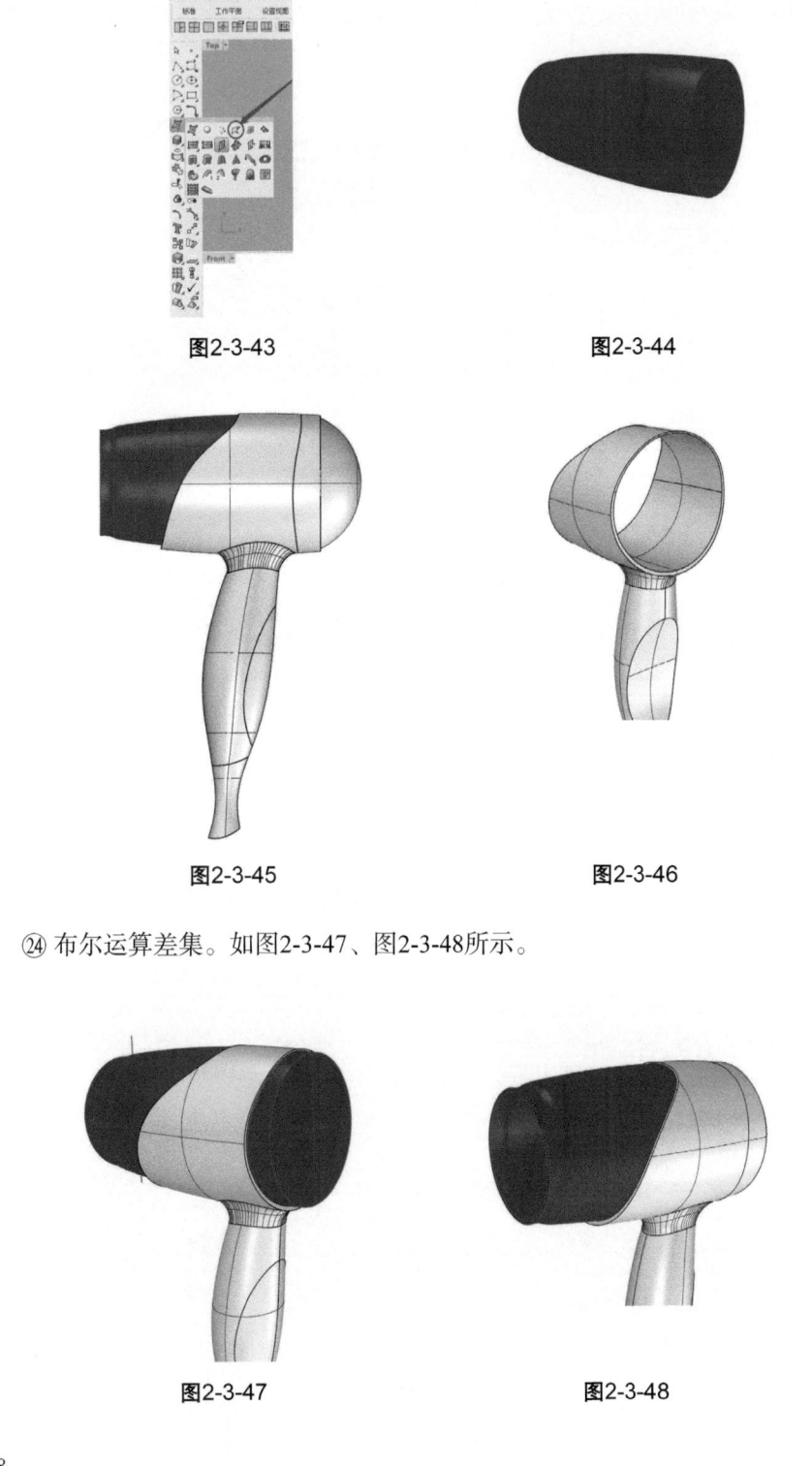

图2-3-43   图2-3-44

图2-3-45   图2-3-46

㉔ 布尔运算差集。如图2-3-47、图2-3-48所示。

图2-3-47   图2-3-48

㉕ 抽壳2mm。如图2-3-49所示。

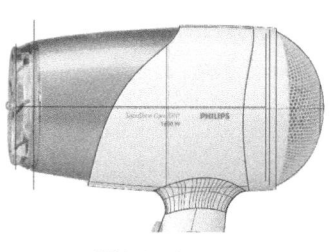

图2-3-49

㉖ 倒绘制一条直线并向两侧挤出，与主体进行布尔运算分割。如图2-3-50、图2-3-51所示。

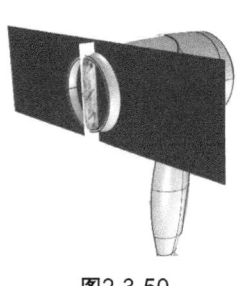 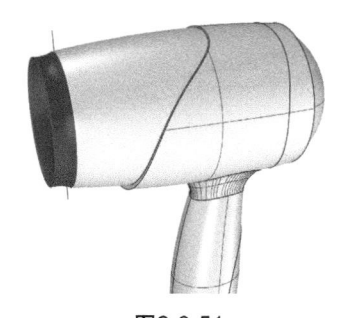

图2-3-50   图2-3-51

㉗ 根据细节图绘制其他细节。如图2-3-52所示。

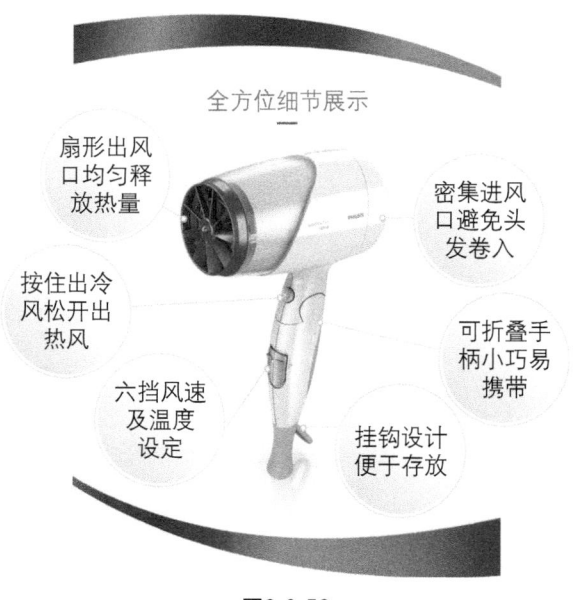

全方位细节展示

扇形出风口均匀释放热量

密集进风口避免头发卷入

按住出冷风松开出热风

可折叠手柄小巧易携带

六挡风速及温度设定

挂钩设计便于存放

图2-3-52

㉘ 捕捉圆心，参考底图以垂直半径画圆。如图2-3-53、图2-3-54所示。

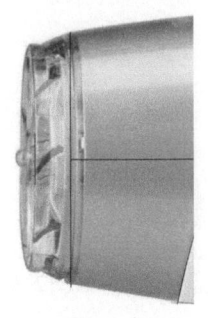
图2-3-53

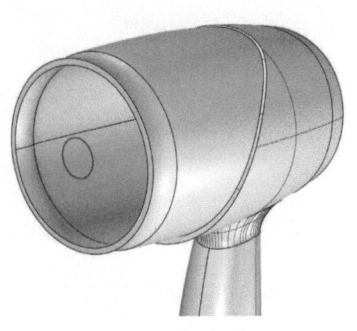
图2-3-54

㉙ 在Right视图中捕捉圆心，绘制直线；向两侧各偏移3mm。如图2-3-55、图2-3-56所示。

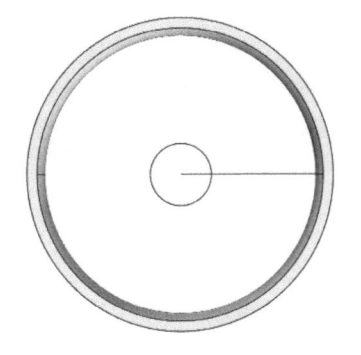
图2-3-55

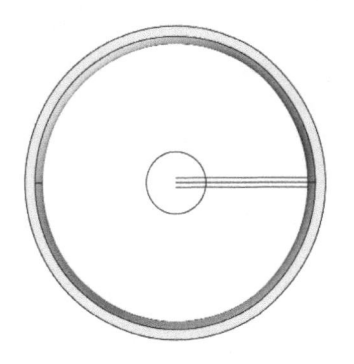
图2-3-56

㉚ 将偏移出来的两条直线挤出5mm。如图2-3-57所示。

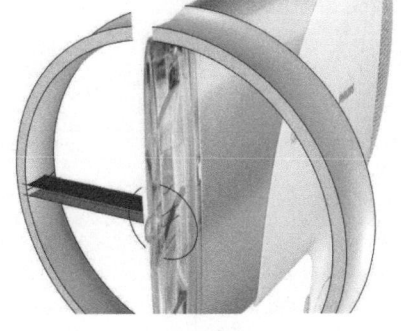
图2-3-57

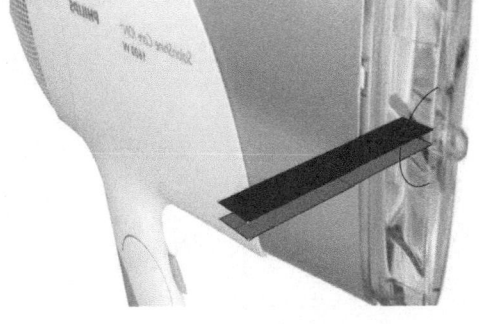
图2-3-58

㉛ 将曲面控制点开启（直接挤出来的平面需要炸开一下才可以开启所有控制点），选中同侧的两个控制点向z轴正方向移动1mm，再选中相邻的另一侧两个点向z轴负方向移动1mm。如图2-3-58～图2-3-61所示。

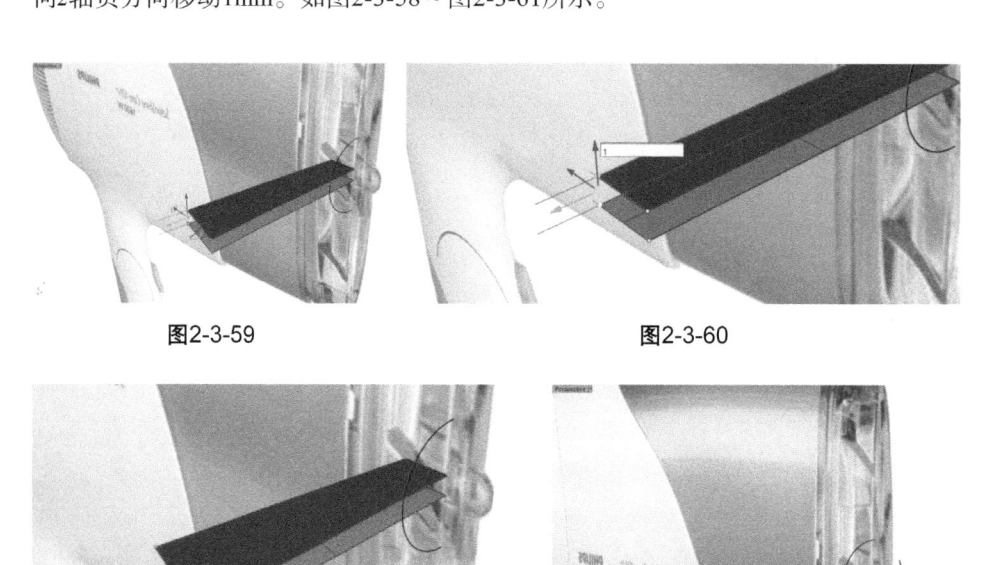

图2-3-59　　　　　　　　　　　　　　图2-3-60

图2-3-61　　　　　　　　　　　　　　图2-3-62

㉜ 放样两个曲面，并组合成实体。环形阵列9份。如图2-3-62～图2-3-64所示。

图2-3-63　　　　　　　　　　　　　　图2-3-64

㉝ 将圆挤出5mm的圆柱，并进行布尔运算合集。如图2-3-65、图2-3-66所示。

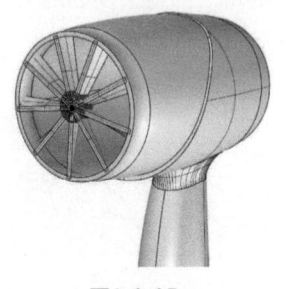

图2-3-65   图2-3-66

㉞ 将其整体向右移动2mm，绘制小圆球。如图2-3-67、图2-3-68所示。

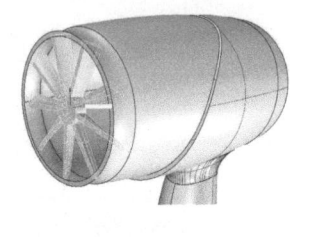

图2-3-67   图2-3-68

㉟ 将底图放置到Rhino内Left视图中，并观察细节。如图2-3-69所示。

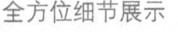

全方位细节展示

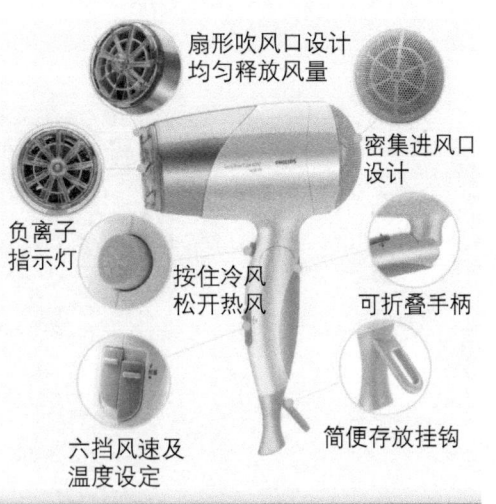

扇形吹风口设计
均匀释放风量

密集进风口
设计

负离子
指示灯

按住冷风
松开热风

可折叠手柄

六挡风速及
温度设定

简便存放挂钩

图2-3-69

㊱ 绘制参考线,并截取参考图六挡位。如图2-3-70、图2-3-71所示。

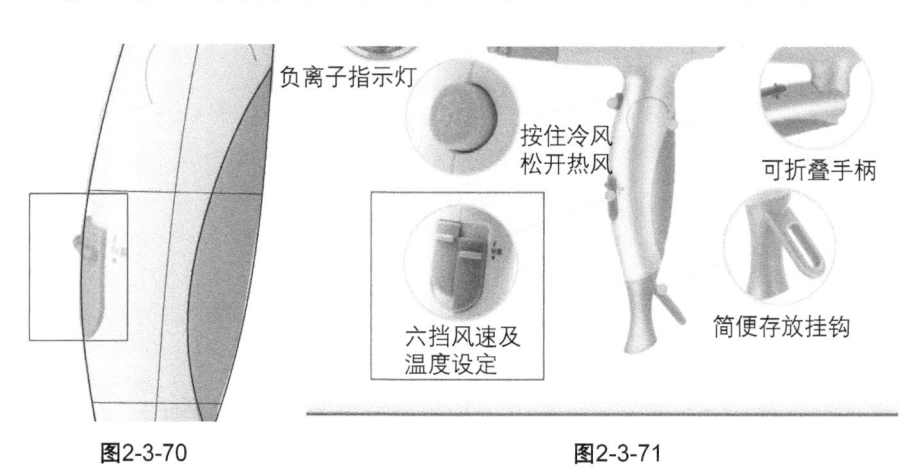

图2-3-70 　　　　　　　　　　　　　　图2-3-71

㊲ 将截取的局部图摆正竖直,并两点定位到参考线上,放置到"底图"图层。如图2-3-72所示。

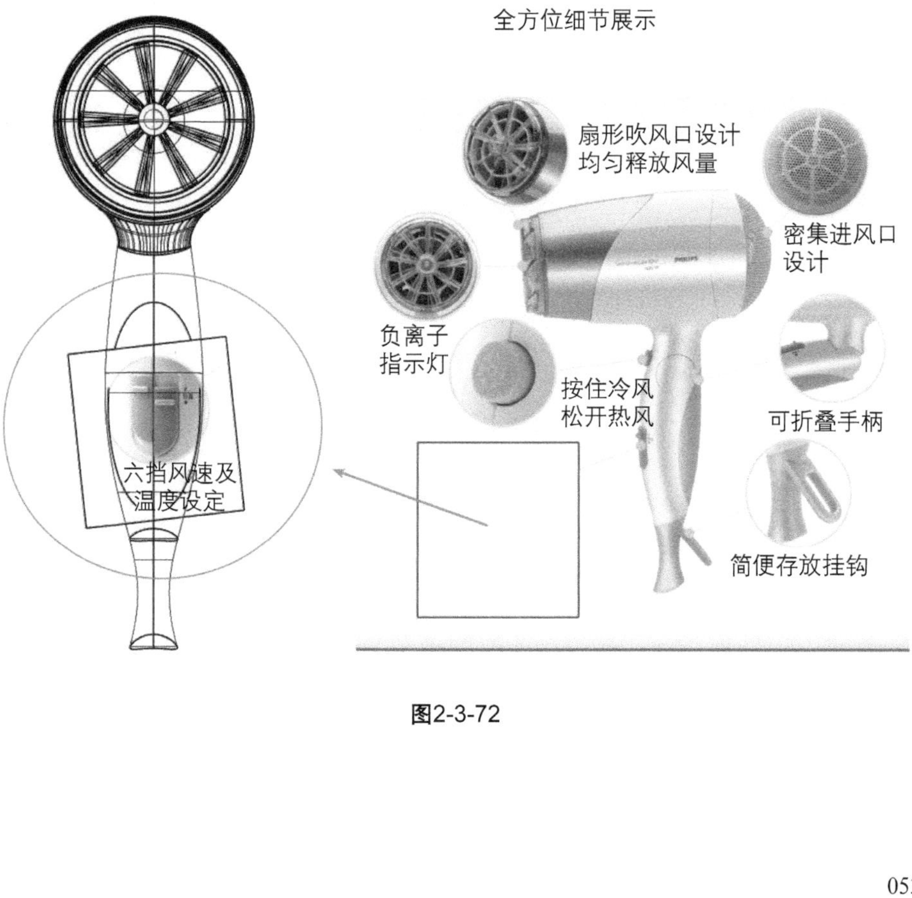

全方位细节展示

图2-3-72

㊳ 绘制矩形对齐到中间，炸开并删除底部，将两侧面直线重建为3阶6点，将最底部端点拍平到0，其他点调节到适当位置并组合。如图2-3-73～图2-3-77所示。

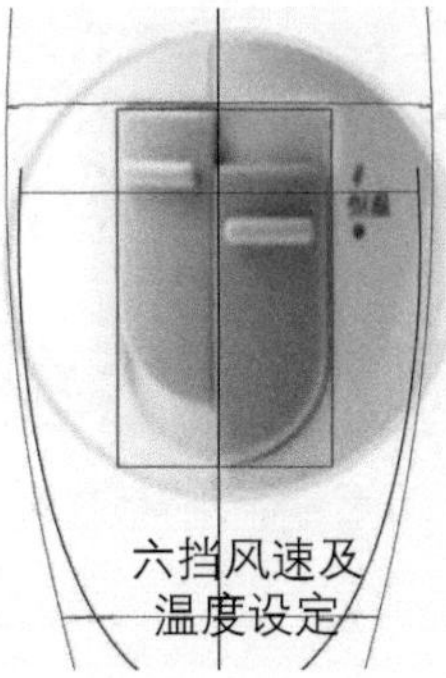

图2-3-73

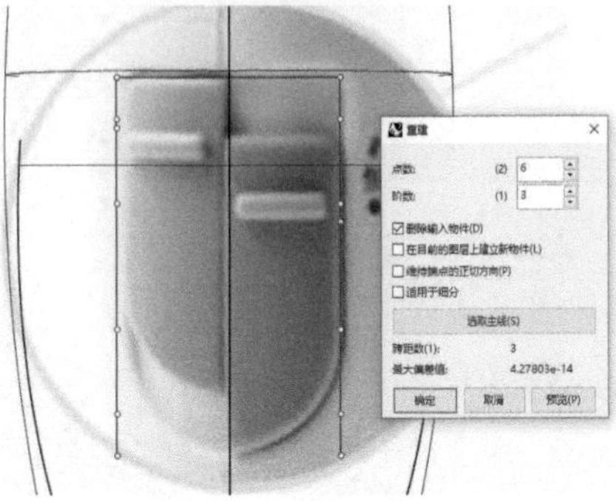

图2-3-74

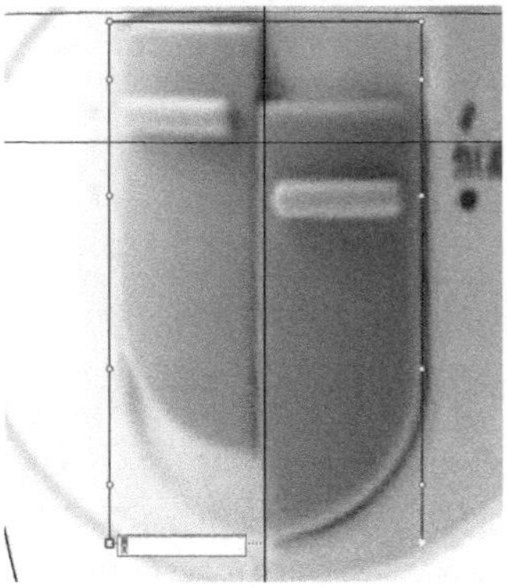

图2-3-75

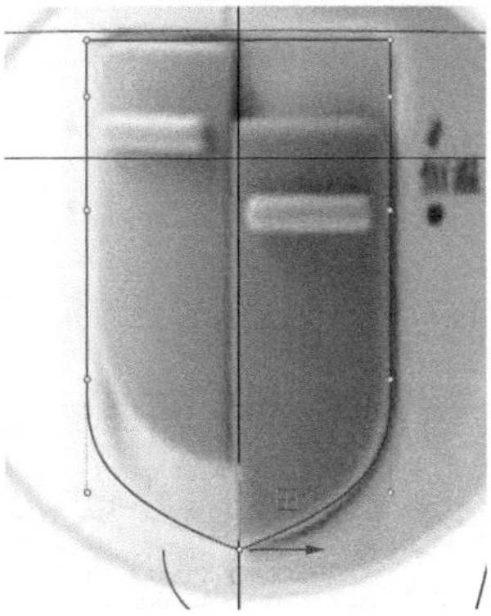

图2-3-76

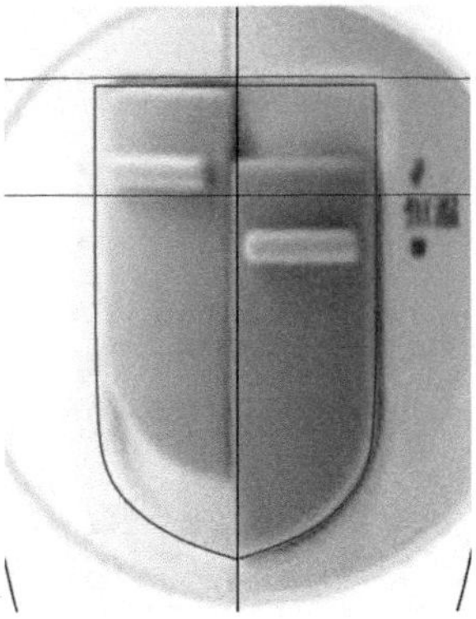

图2-3-77

㊴ 复制曲面，并在Left视图修剪。如图2-3-78～图2-3-80所示。

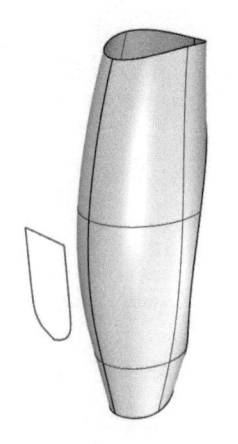

图2-3-78

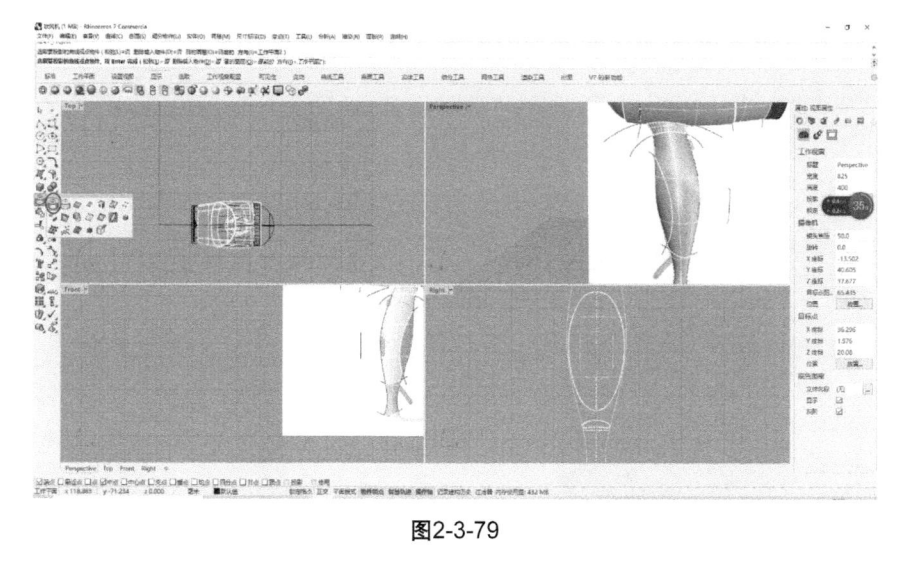

图2-3-79

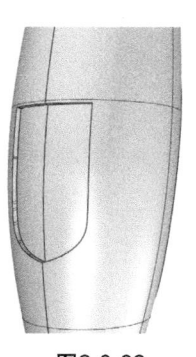

图2-3-80

㊵ 将曲线投影到模型上，再向两侧偏移曲面1mm实体（两侧、实体、松弛均改为"是"，删除物件改为"否"），与主体进行布尔运算差集。如图2-3-81、图2-3-82所示。

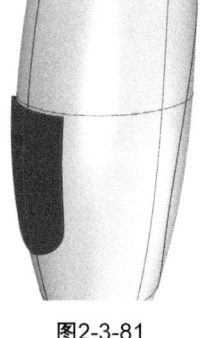

图2-3-81

图2-3-82

㊶ 再次偏移曲面单侧1mm（这次向内）。如图2-3-83、图2-3-84所示。

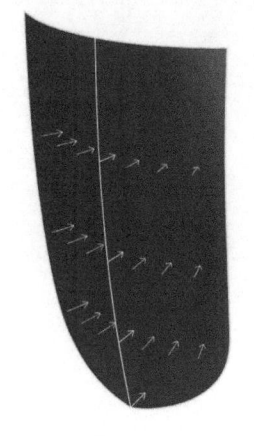

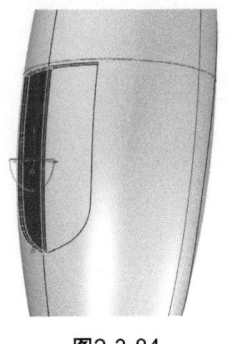

图2-3-83　　　　　　　　　　　　　　　　　　图2-3-84

㊷ 绘制一直线并挤出平面，对滑块进行布尔运算差集。如图2-3-85～图2-3-87
所示。

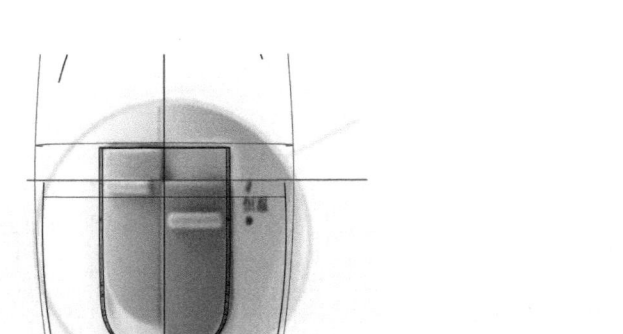

图2-3-85

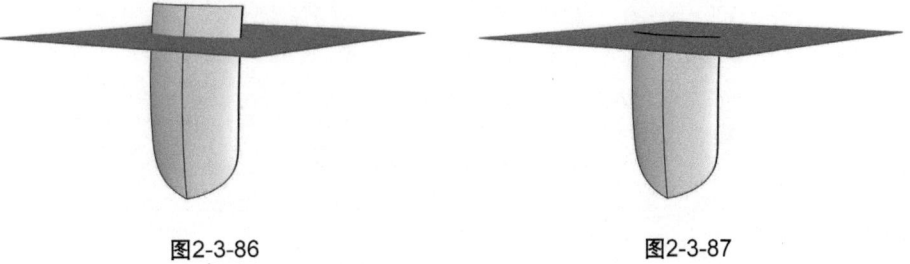

图2-3-86　　　　　　　　　　　　　　　　　　图2-3-87

㊸ 同理绘制两个防滑突起并与大挡位滑块进行布尔运算合集（小凸起厚度0.5mm即可）。如图2-3-88所示。

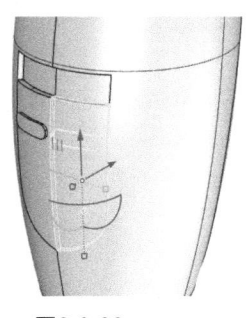

图2-3-88

㊹ 绘制冷热切换按钮（同理上一步，不再赘述）。如图2-3-89、图2-3-90所示。

示灯

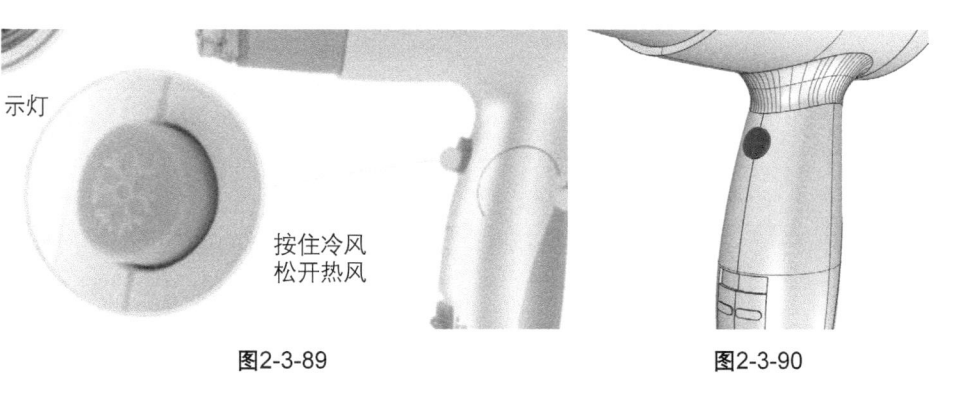

按住冷风
松开热风

图2-3-89   **图2-3-90**

㊺ 打开我们的插头库。如图2-3-91所示。

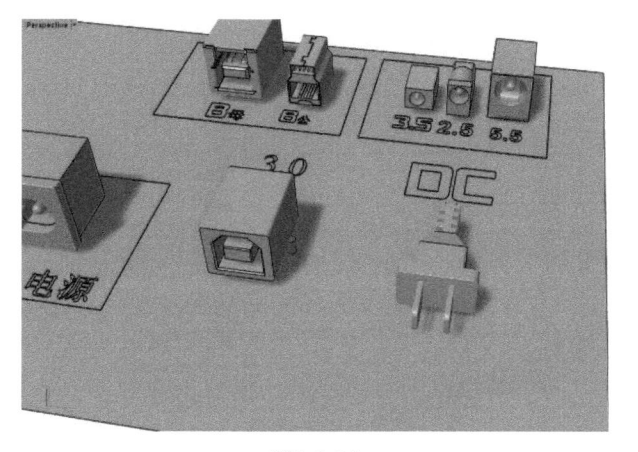

图2-3-91

㊻ 绘制曲线，生成半径2mm圆管。如图2-3-92、图2-3-93所示。

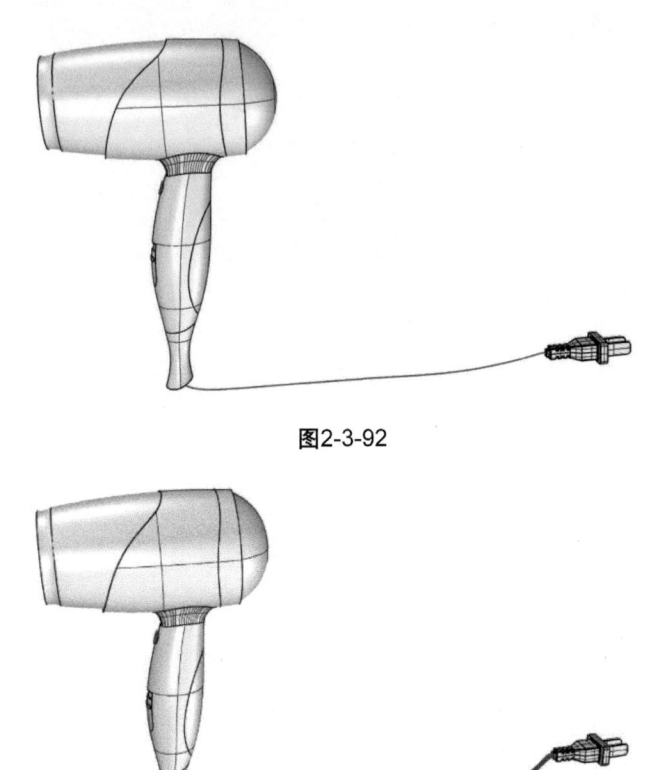

图2-3-92

图2-3-93

㊼ 基本要收尾了，接下来先倒几个大小不一的圆角（底部与挡位滑块倒角1mm，挡位滑块侧面与突起倒圆角0.1mm）。如图2-3-94～图2-3-99所示。

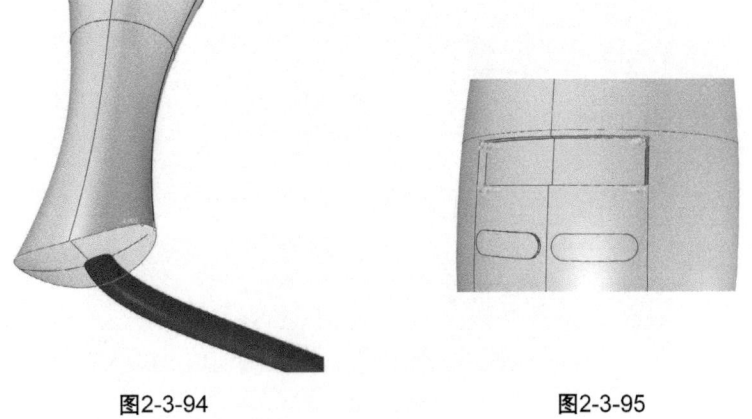

图2-3-94

图2-3-95

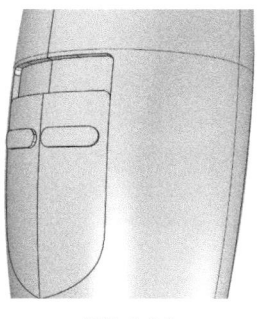

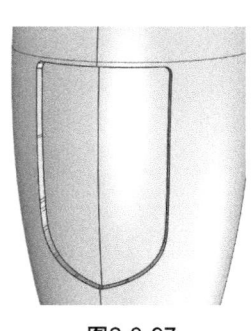

图2-3-96   图2-3-97

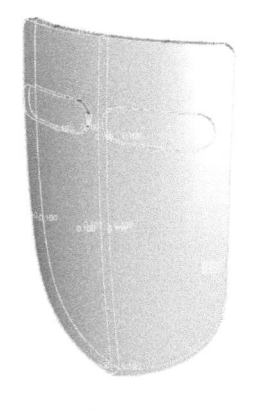

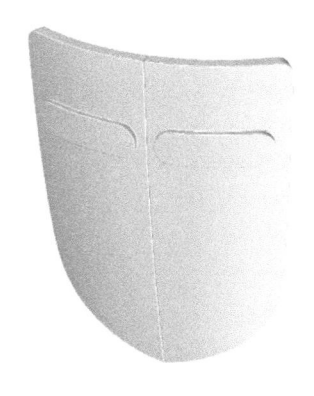

图2-3-98   图2-3-99

㊽ 炸开此物件并删掉顶部复杂面，组合剩余部分，加盖（背面同理）。如图2-3-100～图2-3-103所示。

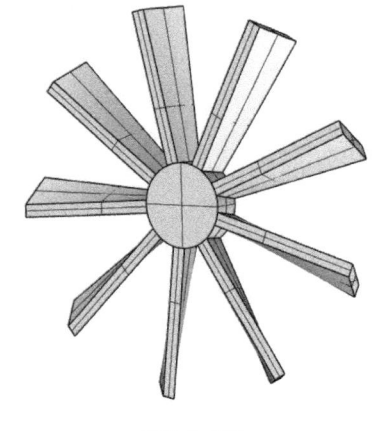

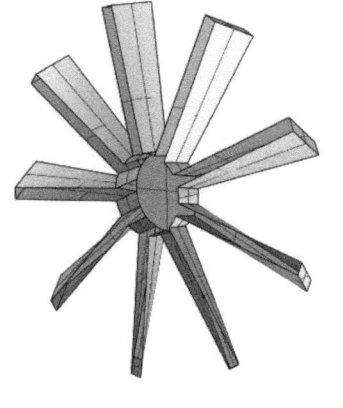

图2-3-100   图2-3-101

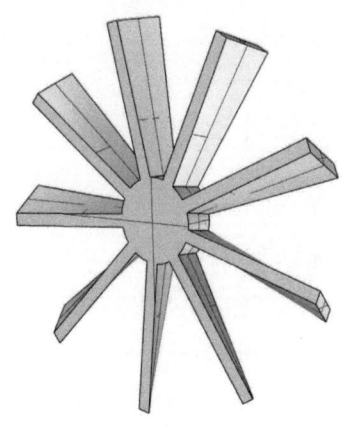 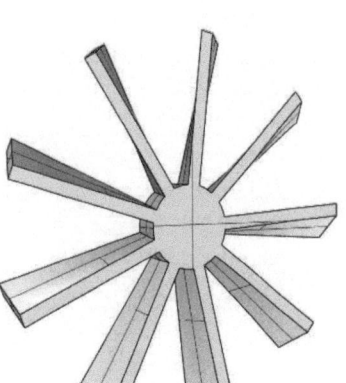

<table>
<tr><td style="text-align:center">图2-3-102</td><td style="text-align:center">图2-3-103</td></tr>
</table>

㊾ 小球与上一步物体进行布尔运算差集。如图2-3-104、图2-3-105所示。

图2-3-104

图2-3-105

㊿ 倒圆角1mm。如图2-3-106所示。

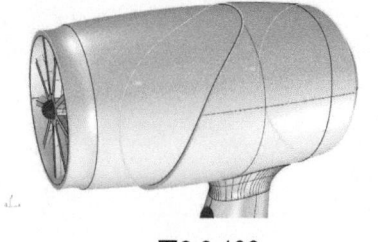

图2-3-106

(51) 框选所有物体倒圆角0.3mm。如图2-3-107所示。

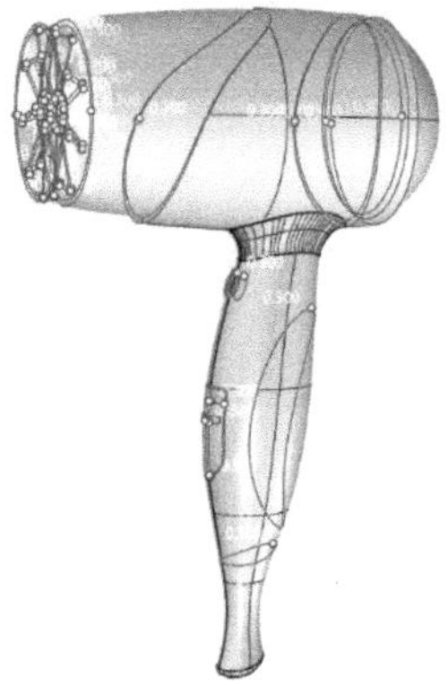

图2-3-107

(52) 划分图层，logo制作与挡位滑块制作同理。如图2-3-108所示。

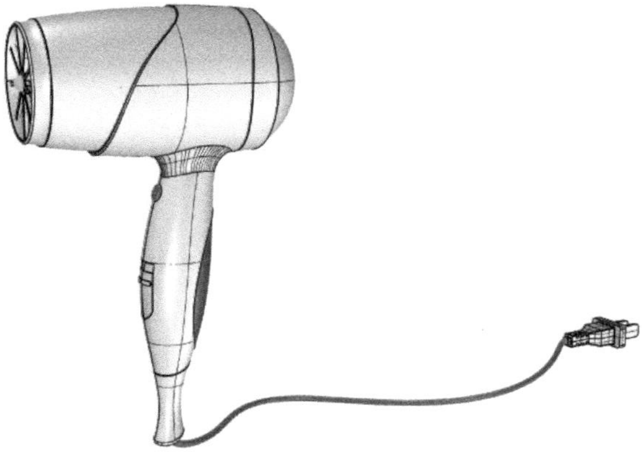

图2-3-108

(53) 另外，挂环读者可自己考虑下。如图2-3-109 ~ 图2-3-113所示。

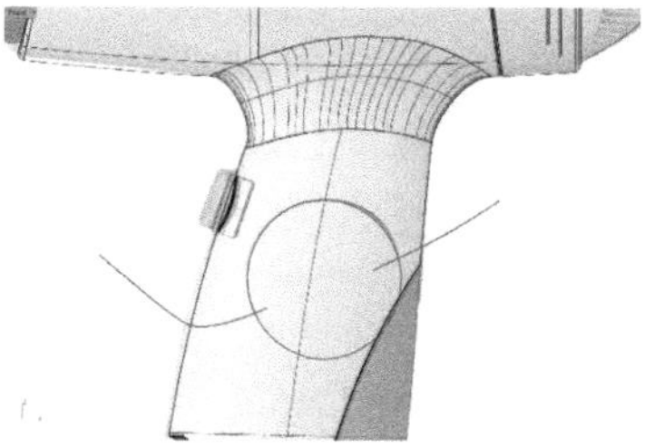

图2-3-109

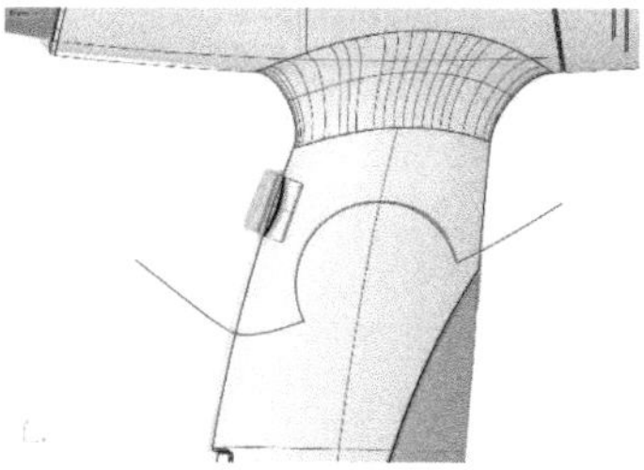

图2-3-110

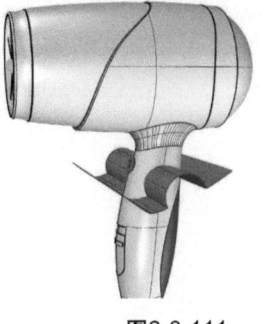

图2-3-111

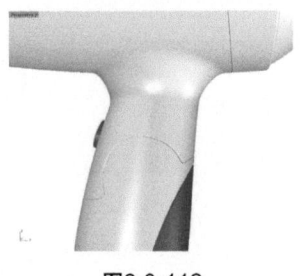

图2-3-112

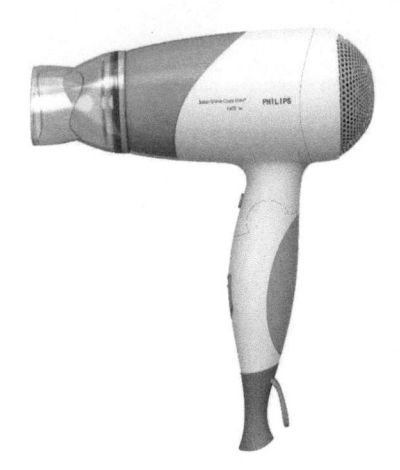

图2-3-113

 2.3.3 小结

　　本节通过吹风机的产品建模过程的学习，希望大家能够掌握旋转成形、布尔运算、双轨扫掠等基础命令。在日常生活中大家可以多多关注诸如吹风机类的产品，多多观察它们的结构，在建模过程中将产品进行结构的拆分思考，从而锻炼建模思维，提高效率。

2.4　Redmi Watch建模

　　作为一个"米粉"，看到Redmi Watch时眼前一亮，突然感觉手表买早了，那我们就用犀牛软件做一个吧，来表达一个"米粉"的忠诚！

Redmi Watch
轻 巧 小 方 屏

35g轻量设计 | 1.4英寸高清大屏 | 多功能 NFC | 7天长续航

 2.4.1 建模思路

产品造型直观上大致可分为三大块，一个主体表盘，两个表带，其余之细节可暂时忽略；主体的造型基本可以看成圆角矩形挤出倒角，表带这种带状的造型一般会用到放样或双轨扫掠，细节大多数是布尔运算倒圆角。

 2.4.2 建模步骤

① 今天我们用Rhino7，以参考图的方式对小米公司的一款Redmi Watch手表进行建模。首先声明一下参考图引用的小米官网图非本次教程制作，将底图拖进犀牛的Top视图。根据官网公布的产品尺寸：41mm×35mm×10.9mm（11.9mm心率镜片处）。如图2-4-1所示。

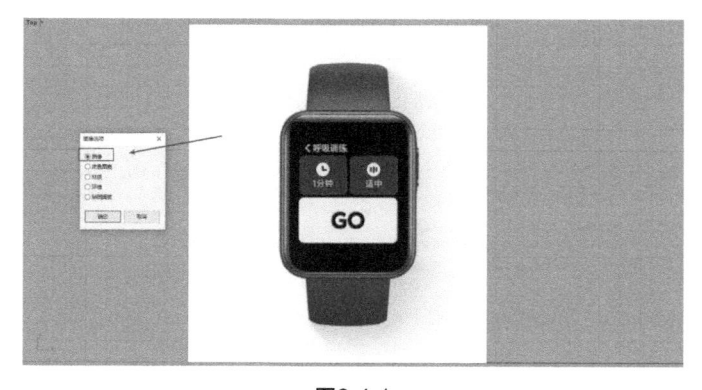

图2-4-1

② 绘制矩形F10开启控制点，调整矩形与主体表盘外轮廓相切。如图2-4-2所示。

图2-4-2

③ 根据官网公布尺寸绘制一个41mm×35mm的矩形框以底部中点为参考点将其移动到0点位置。如图2-4-3所示。

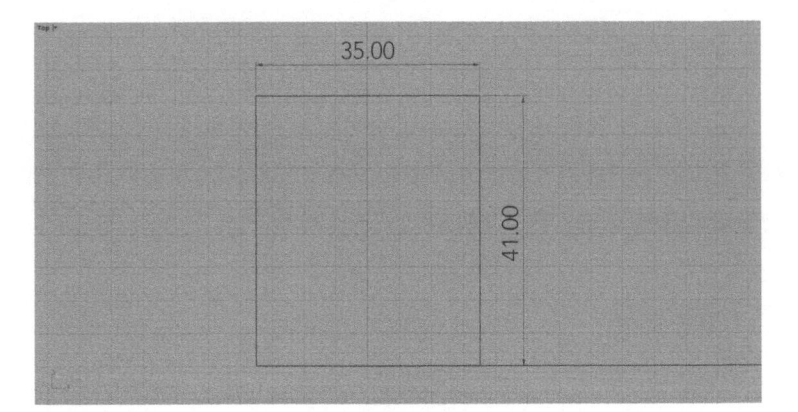

图2-4-3

④ 将底图用两点定位命令定位到参考矩形上与其拟合。如图2-4-4所示。

图2-4-4

⑤ 新建图层为"底图"并将参考图选中右击"底图"图层，将其改变物件图层并锁定。如图2-4-5所示。

图2-4-5

⑥ 曲线倒圆角半径为7mm。如图2-4-6所示。

图2-4-6

⑦ 挤出实体厚度为10.90mm。如图2-4-7所示。

图2-4-7

⑧ 复制面的边缘组合并向内偏移1mm。如图2-4-8所示。

图2-4-8

⑨ 向两侧挤出2mm。如图2-4-9所示。

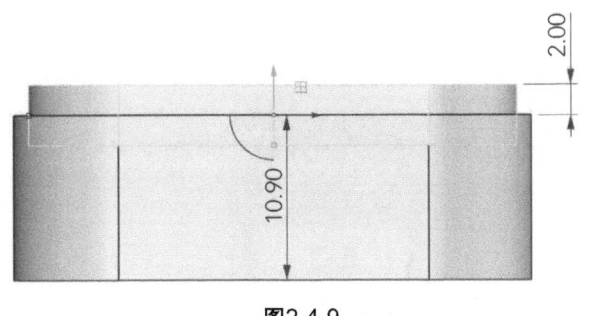

图2-4-9

⑩ 底部倒斜角4mm。如图2-4-10所示。

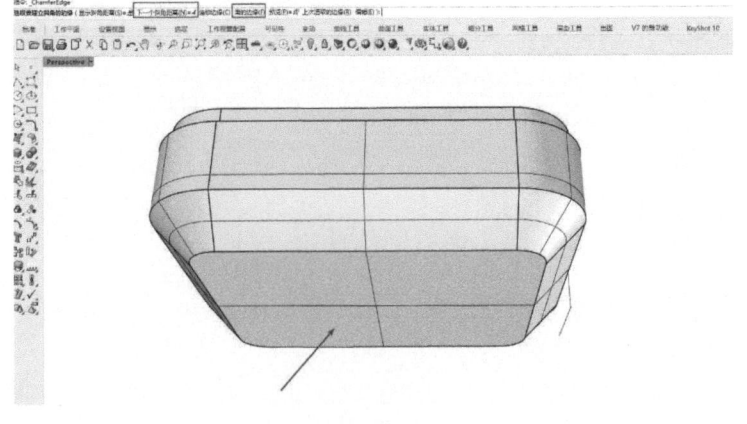

图2-4-10

⑪ 顶面边缘倒斜角距离2mm。如图2-4-11所示。

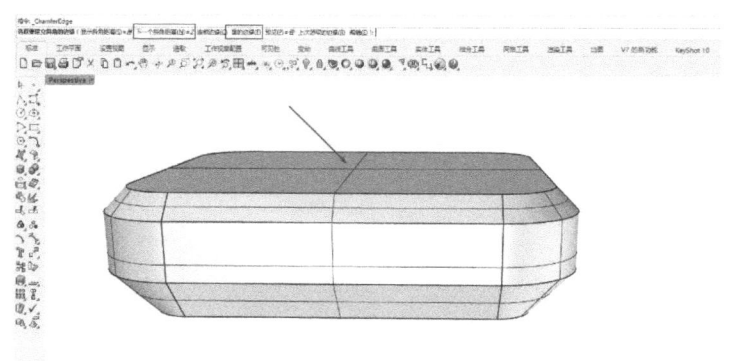

图2-4-11

⑫ 底部倒圆角半径5mm。如图2-4-12所示。

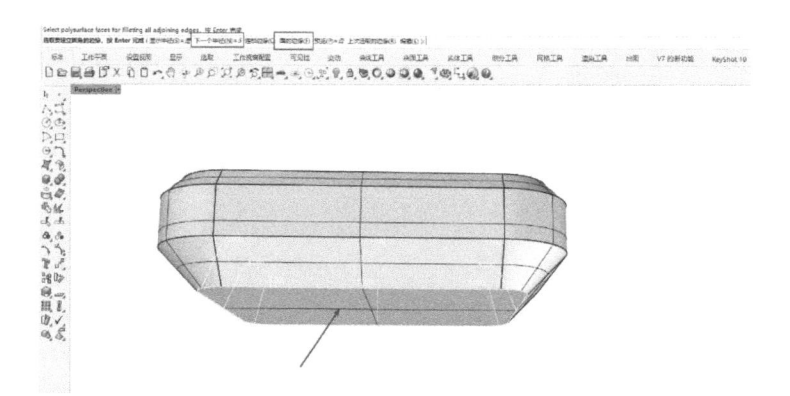

图2-4-12

⑬ 绘制矩形与按键边缘相切。如图2-4-13所示。

图2-4-13

⑭ 将其挤出曲面并缩放到高5mm左右（一切以实物为准，笔者并没有摸到实物，凭感觉设置的参数，期待有买到产品的同学在建模时以实物为准）。如图2-4-14所示。

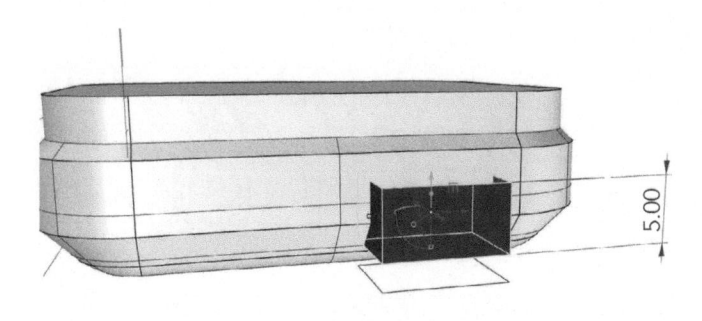

图2-4-14

⑮ 以此矩形面对角线作为参考绘制圆角矩形。如图2-4-15所示。

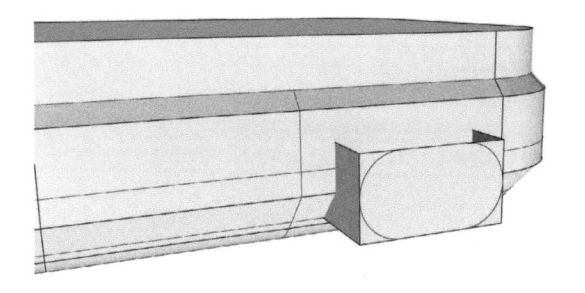

图2-4-15

⑯ 挤出实体。如图2-4-16所示。

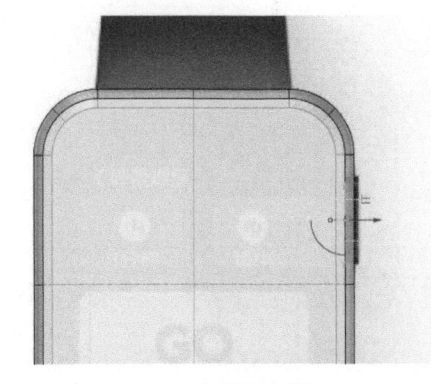

图2-4-16

⑰ 复制曲面并延伸10mm。如图2-4-17所示。

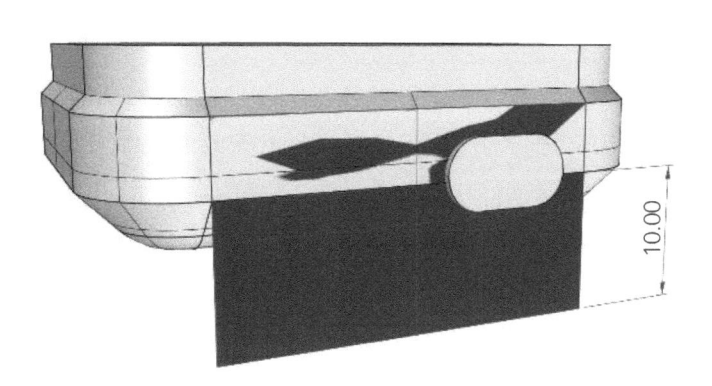

图2-4-17

⑱ 将圆角矩形偏移。如图2-4-18所示。

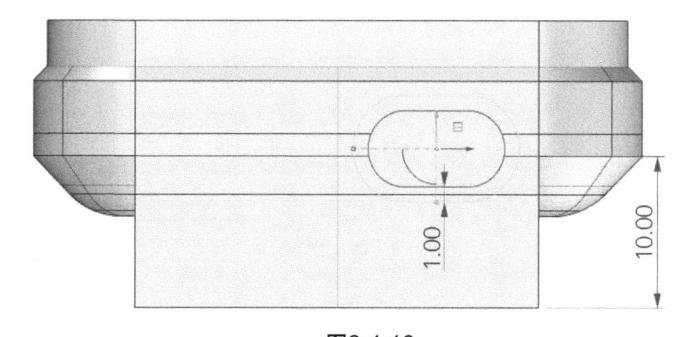

图2-4-18

⑲ 复制边缘。如图2-4-19所示。

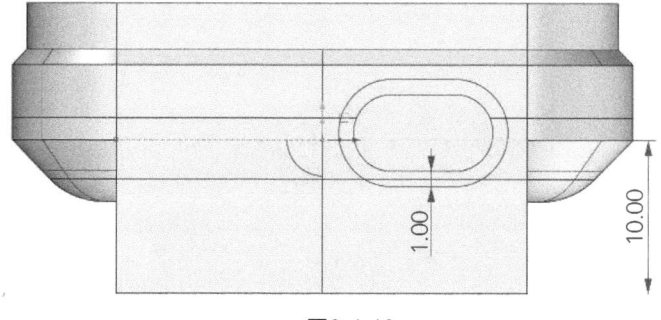

图2-4-19

⑳ 相互修剪曲线，得到造型线。如图2-4-20所示。

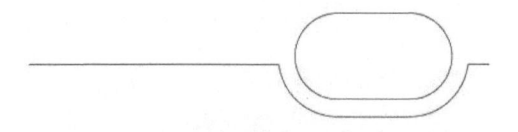

图2-4-20

㉑ 倒圆角半径为1.5mm。如图2-4-21所示。

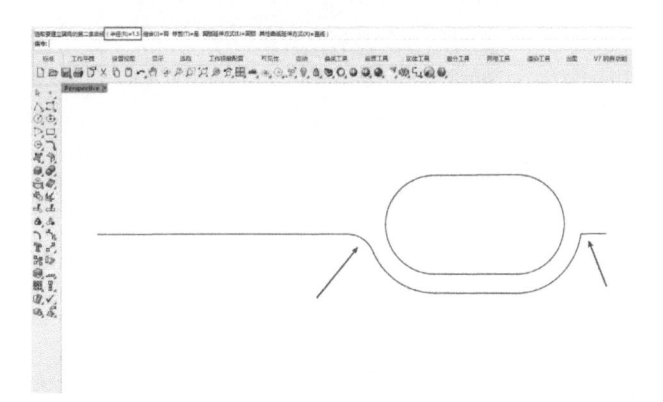

图2-4-21

㉒ 修剪平面得到造型。如图2-4-22所示。

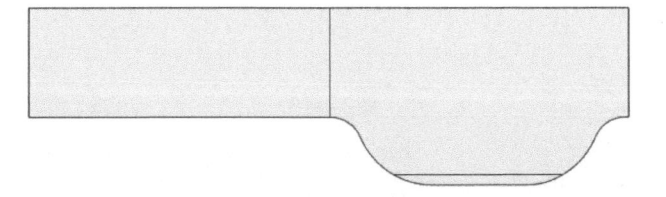

图2-4-22

㉓ 挤出实体与主体相交叉。如图2-4-23所示。

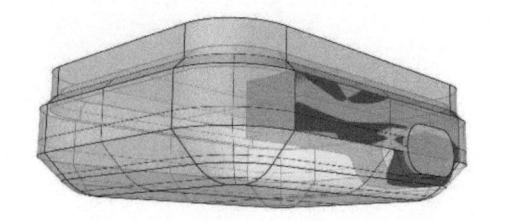

图2-4-23

㉔ 与主体物布尔运算合集。如图2-4-24所示。

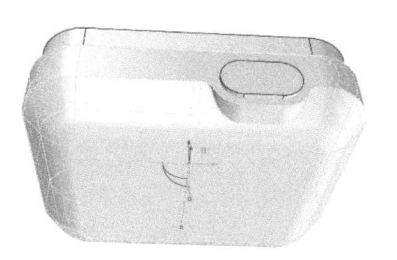

图2-4-24

㉕ 布尔运算分割表盘面得到两部分。如图2-4-25所示。

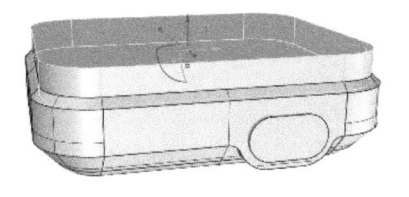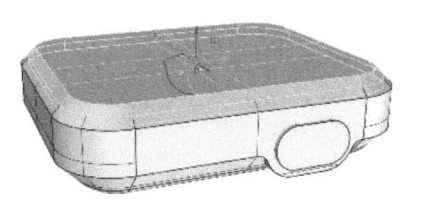

图2-4-25

㉖ 倒圆角2.5mm。如图2-4-26所示。

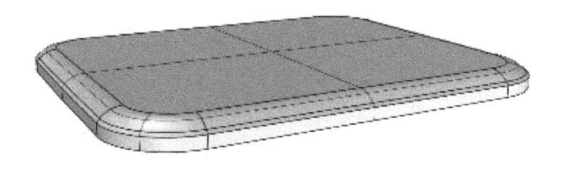

图2-4-26

㉗ 倒圆角0.5mm。如图2-4-27所示。

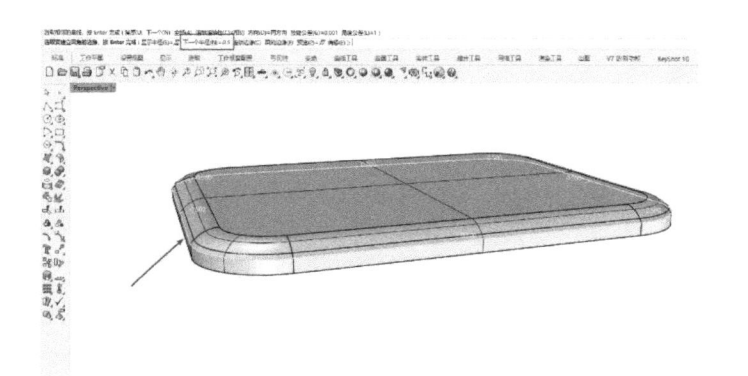

图2-4-27

㉘ 倒圆角0.1mm。如图2-4-28所示。

㉙ 保存文件，继续倒圆角0.5mm。如图2-4-29所示。

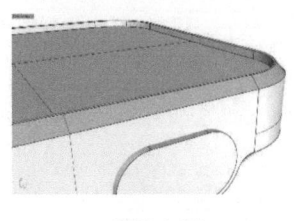
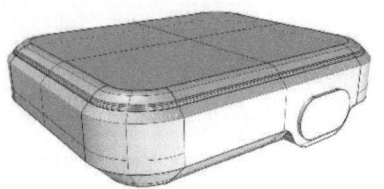

图2-4-28　　　　　　　　　　　　　　图2-4-29

㉚ 复制边缘线并组合生成半径0.3mm圆管，如图2-4-30所示。

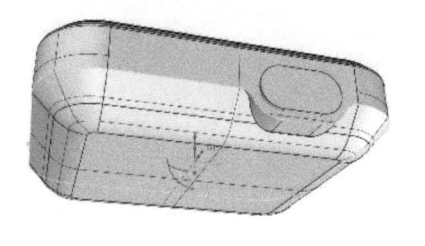
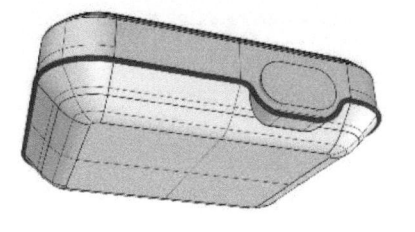

图2-4-30

㉛ 用圆管分割主体将中间部分与圆管删掉。如图2-4-31所示。

㉜ 倒圆角半径0.6mm。如图2-4-32所示。

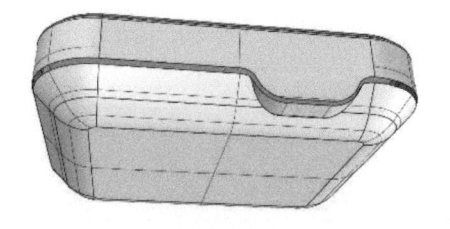
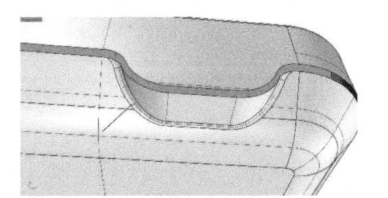

图2-4-31　　　　　　　　　　　　　　图2-4-32

㉝ 混接曲面调整为1。如图2-4-33所示。

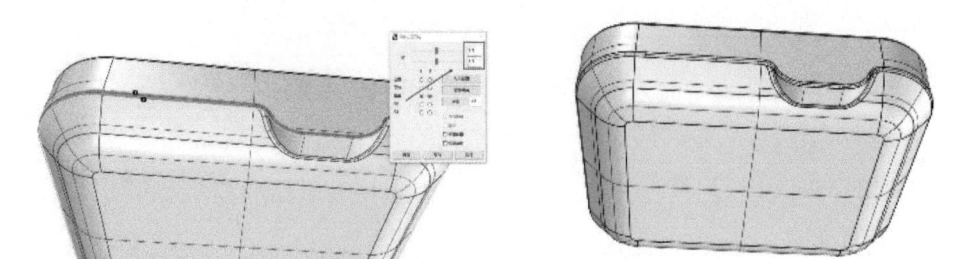

图2-4-33

㉞ 布尔运算并倒圆角半径0.3mm。如图2-4-34所示。

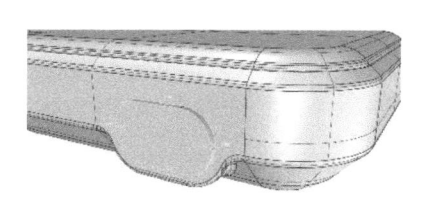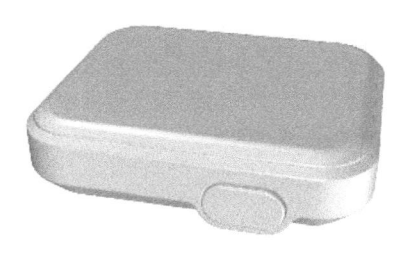

图2-4-34

㉟ 表带建模（因为并不知道实物如何，仅作为学习交流使用），绘制矩形开启控制点并调节、造型。如图2-4-35所示。

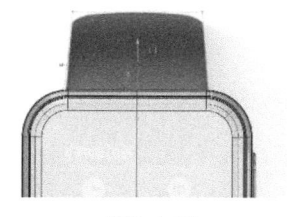

图2-4-35

㊱ 参考底图绘制表带。如图2-4-36所示。

图2-4-36

㊲ 绘制曲线（将此曲线绘制得有弹性的韵味即可）。如图2-4-37所示。

㊳ 偏移曲线3mm选择松弛，并调节好。如图2-4-38所示。

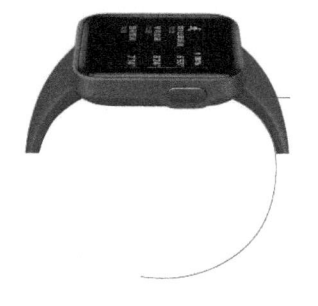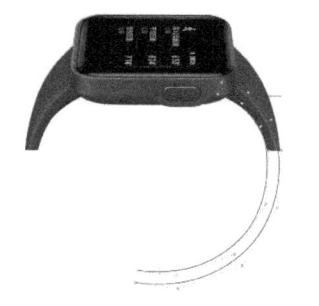

图2-4-37 **图**2-4-38

㊴ 将曲线移动到一侧参考线的大致位置，开启控制点并调节好，镜像到另一端。如图2-4-39所示。

㊵ 四条曲线两两放样。如图2-4-40所示。

 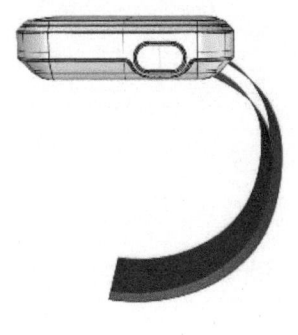

图2-4-39　　　　　　　　　　　　　图2-4-40

㊶ 混接曲面，组合并加盖。如图2-4-41所示。

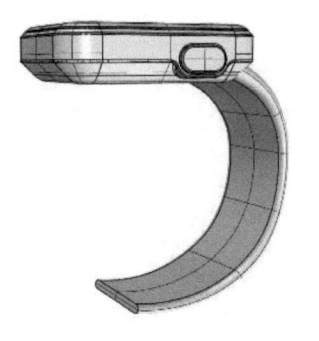

图2-4-41

㊷ 单轴缩放到参考线宽度。如图2-4-42所示。

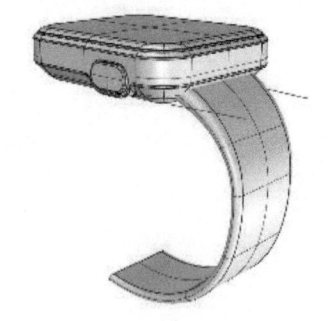

图2-4-42

㊸ 同理绘制另一侧表带。如图2-4-43所示。

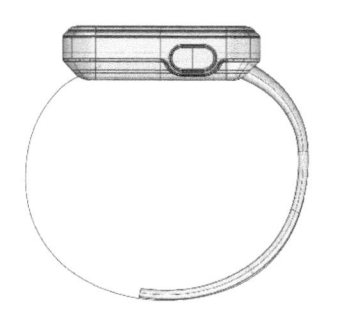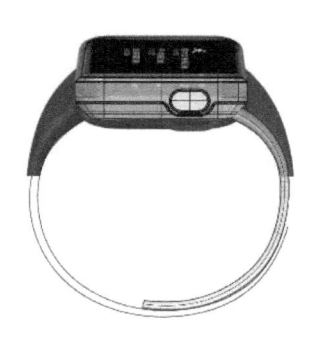

图2-4-43

㊹ 参考上面已经建完的表带。如图2-4-44所示。

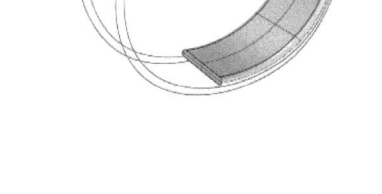

图2-4-44

㊺ 与另一侧不同的是，此半边表带末端为椭圆形，所以建模方式也有所不同，继续放样两个曲面之间的侧面，组合加盖。如图2-4-45所示。

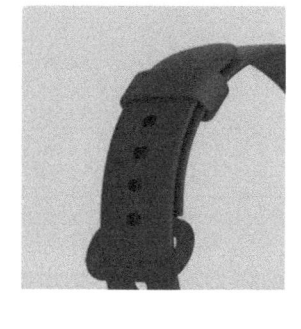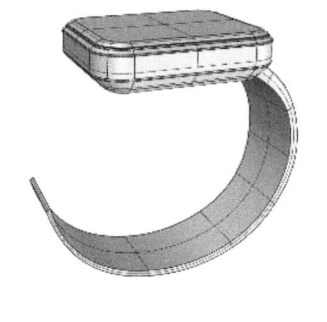

图2-4-45

㊻ 测量末端宽度倒圆角为长度的正数数值的一半即17/2＝8.5mm。如图2-4-46
所示。

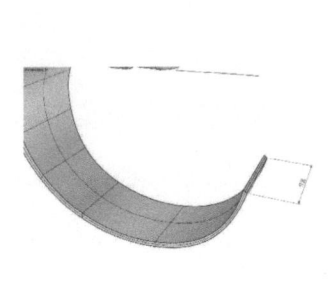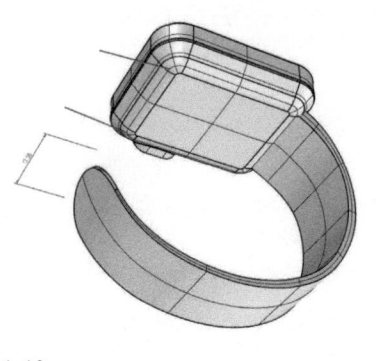

图2-4-46

㊼ 炸开删掉侧面，并混接曲面组合加盖成为实体。如图2-4-47所示。

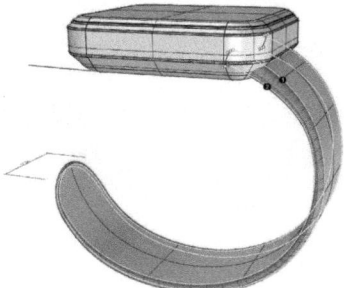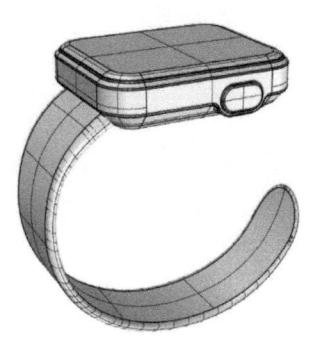

图2-4-47

㊽ 根据底图缩放宽度。如图2-4-48所示。

㊾ 绘制圆角矩形，并偏移2.5mm。如图2-4-49所示。

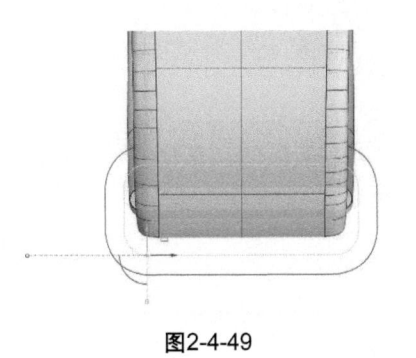

图2-4-48　　　　　　　　　　图2-4-49

(50) 绘制一个圆一个正方形作为截面线，定位到端点上。如图2-4-50所示。

(51) 正方形曲线倒圆角半径0.5mm。如图2-4-51所示。

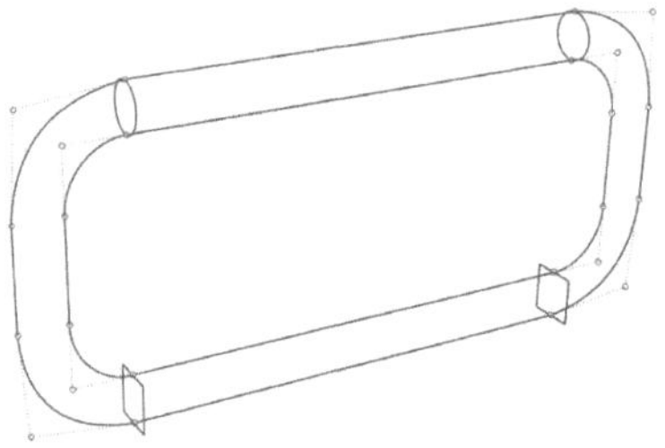

图2-4-50

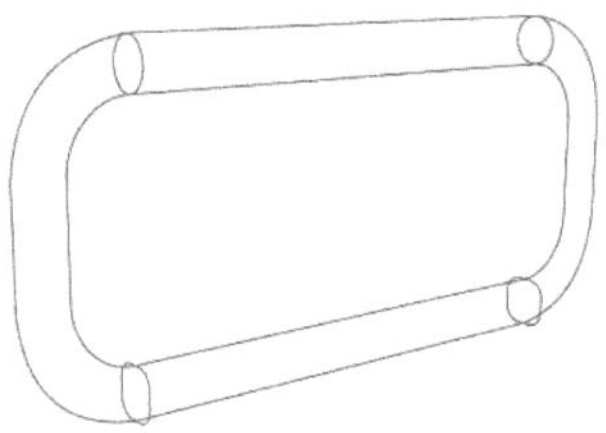

图2-4-51

(52) 双轨扫掠，选择轨道线，依次选择截面线并勾选闭合选项。如图2-4-52所示。

(53) 调节到对应的位置。如图2-4-53所示。

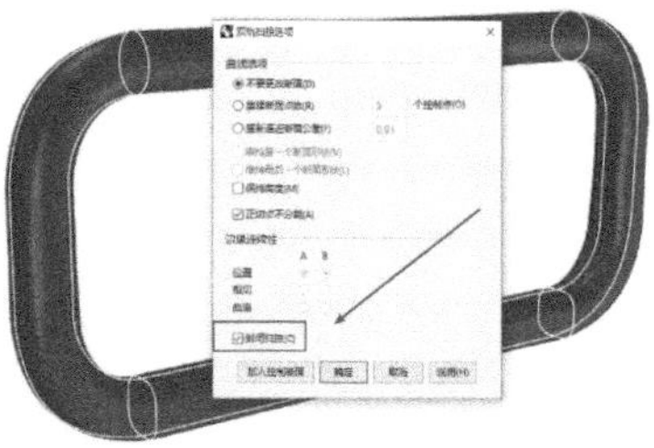

图2-4-52

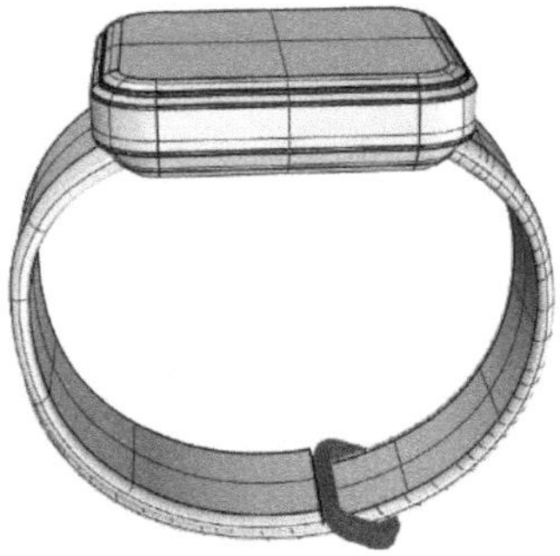

图2-4-53

(54) 绘制宽度为3mm的矩形并对齐到y轴0点，然后绘制宽度为5mm的矩形并镜像到另一侧。如图2-4-54所示。

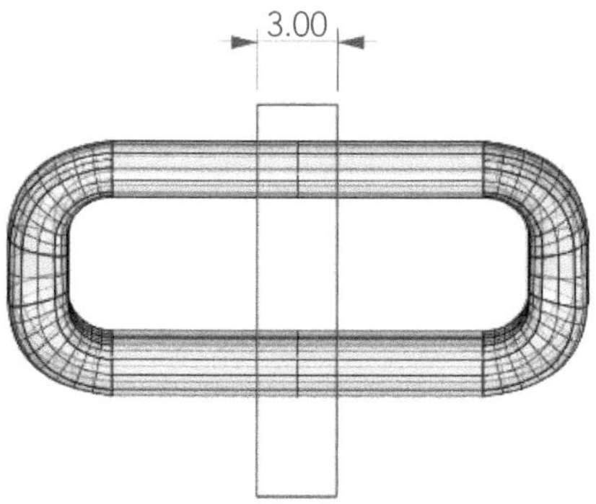

图2-4-54

⑤⑤ 将两条5mm宽的矩形框挤出曲面，并求物件交集得到四个圆。如图2-4-55所示。

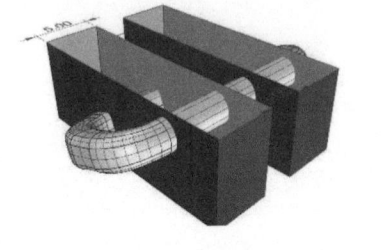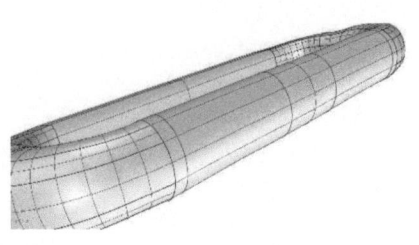

图2-4-55

⑤⑥ 选择实体工具中的边框方块命令，生成圆的外接正方形。如图2-4-56所示。

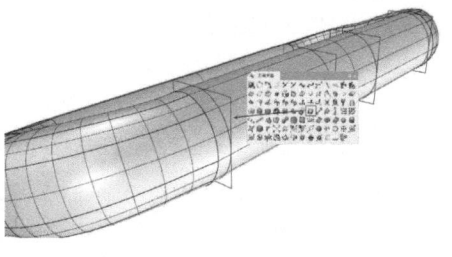

图2-4-56

⑤⑦ 将所有的正方形选中单轴缩放参考表带厚度，调节到合适位置（表带厚度的以内即可）。如图2-4-57所示。

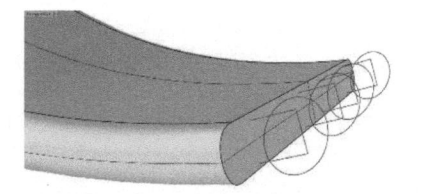

图2-4-57

⑤⑧ 相互修剪，并曲线倒圆角半径1mm。如图2-4-58所示。

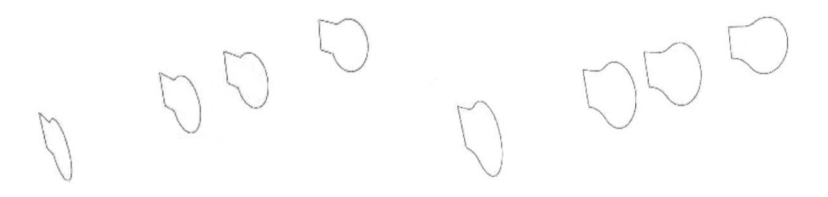

图2-4-58

(59) 组合全部并放样，曲面偏移0.2mm。如图2-4-59所示。

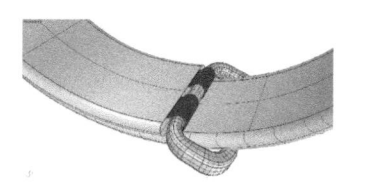

图2-4-59

(60) 同理将3mm的矩形挤出多重曲面，求交集得到两个圆并偏移0.5mm。如图2-4-60所示。

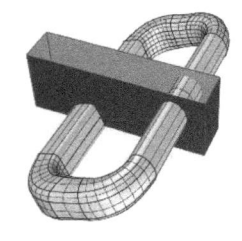
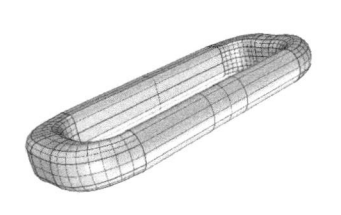
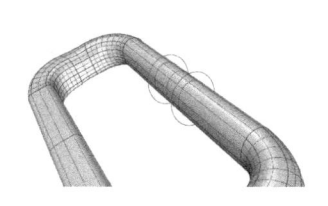

图2-4-60

(61) 绘制曲线并偏移1mm，相互修剪曲线，连接末端并组合全部曲线。如图2-4-61所示。

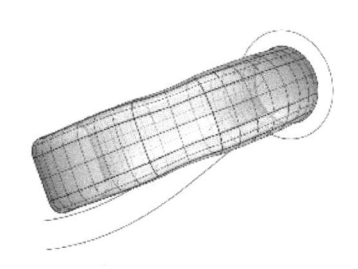
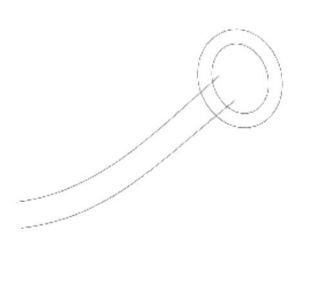

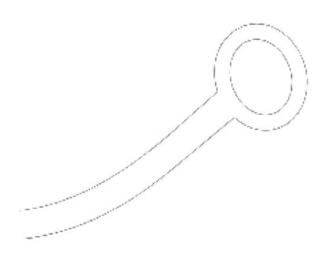
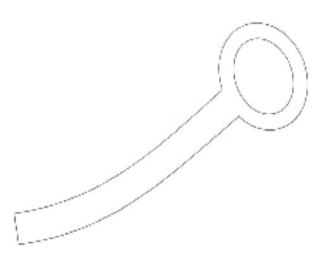

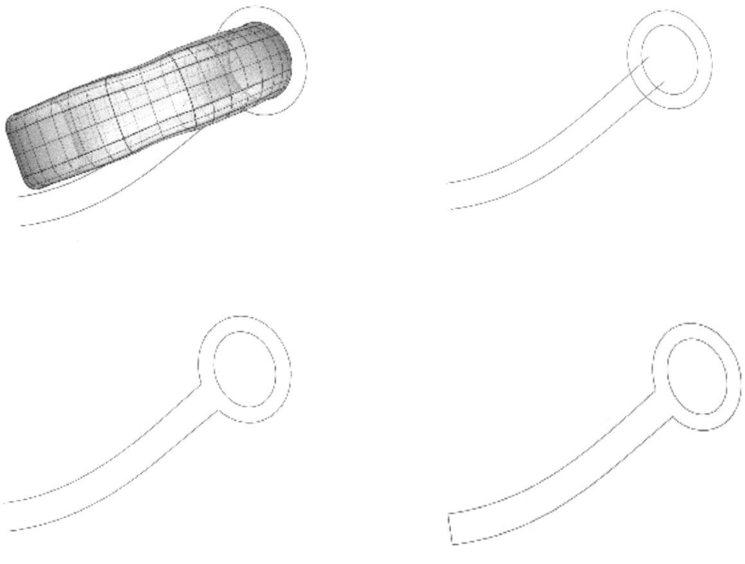

图2-4-61

㉖ 选择两条闭合曲线向右挤出3mm，倒圆角0.5mm，末端倒圆角0.3mm，其余两侧面上的边均倒圆角0.2mm。如图2-4-62所示。

图2-4-62

㉗ 倒圆角0.1mm。如图2-4-63所示。

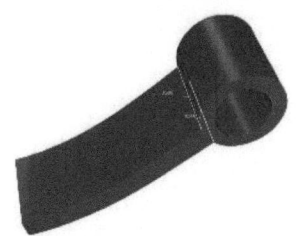

图2-4-63

㉘ 建立底面3mm×2.5mm穿透过表带的立方体，调节好角度位置并侧面四条边倒圆角1mm。如图2-4-64所示。

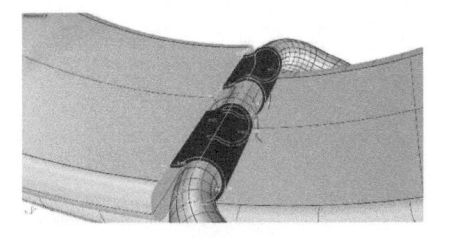

图2-4-64

㉙ 抽离结构线，并修剪。如图2-4-65所示。

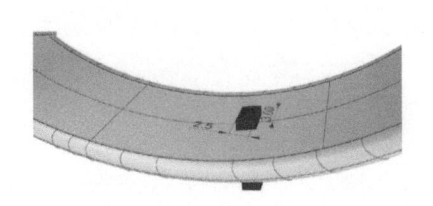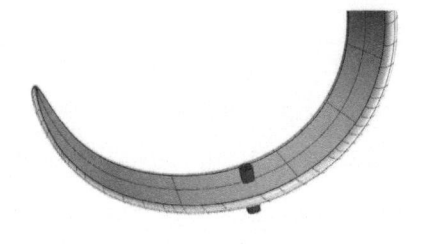

图2-4-65

⑥ 沿着曲线阵列柱体6个，删除末端2个，并进行布尔运算差集，倒圆角0.3mm。如图2-4-66所示。

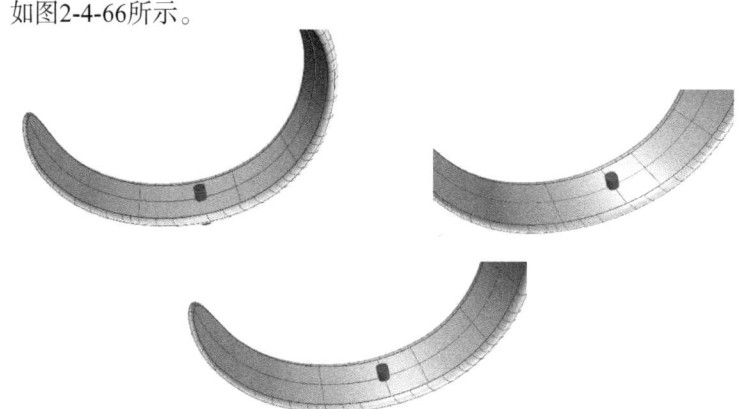

图2-4-66

⑥ 表带与主体布尔运算差集，并倒圆角0.3mm。如图2-4-67所示。

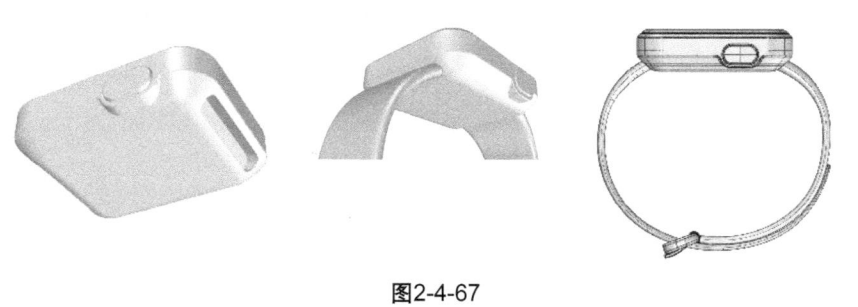

图2-4-67

⑥ 划分图层，完成建模。如图2-4-68所示。

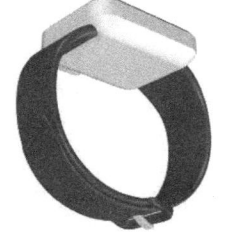

图2-4-68

2.4.3 小结

本章通过圆角矩形挤出倒角、双轨扫掠、布尔运算等多个技巧应用，为读者分析了Redmi Watch的建模过程，希望读者通过学习能够将软件功能根据模型构建的需要进行组合应用，加以理解、练习，相信每个人都可以熟练掌握建模技巧。

第 **3** 章

交通运输工具篇

3.1 叉车建模

3.2 建模思路

　　产品直观看上去大致可以分为五部分：主体车体、驾驶室、门架、货叉、座椅。主体部分轮廓挤出实体后进行布尔运算差集；驾驶室轮廓挤出实体；门架挤出实体；货叉挤出实体；座椅双轨扫掠后调节曲面挤出曲面。

3.3 建模步骤

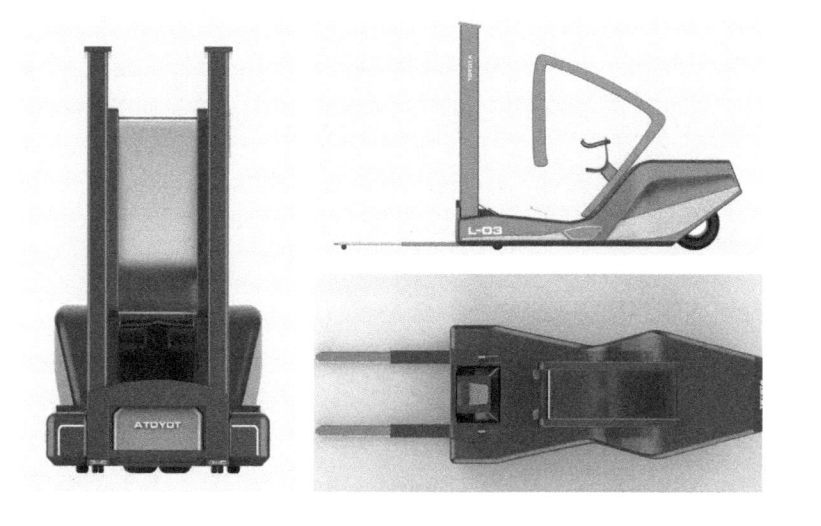

① 将图片拖拽到Rhino并放置到Right视图，选择图片选项，并缩放到高237cm。如图3-3-1所示。

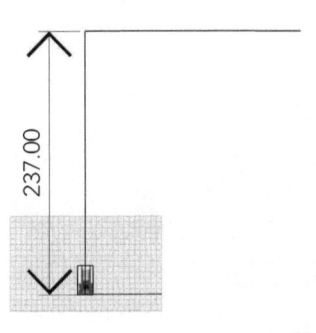

图3-3-1

② 两点定位图片分别放置好Front视图参考图与Top视图参考图。如图3-3-2所示。

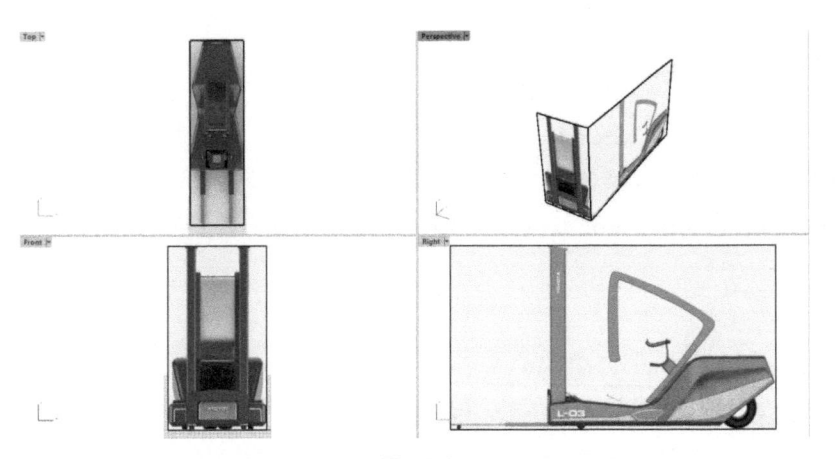

图3-3-2

③ 点击新建图层，并命名为"底图图层"，右击底图图层选项卡并新建三个新子图层，将对应视图参考图放置到对应名称图层内并锁定。如图3-3-3所示。

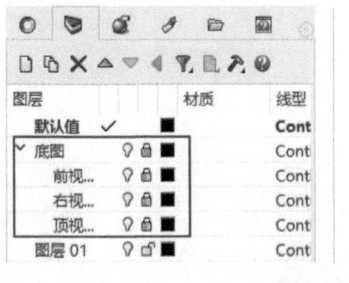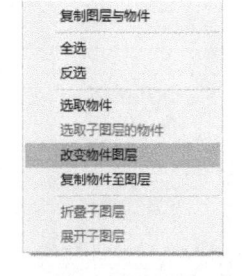

图3-3-3

④ 绘制侧面轮廓线3阶12点曲线，绘制其他直线并修剪。如图3-3-4所示。

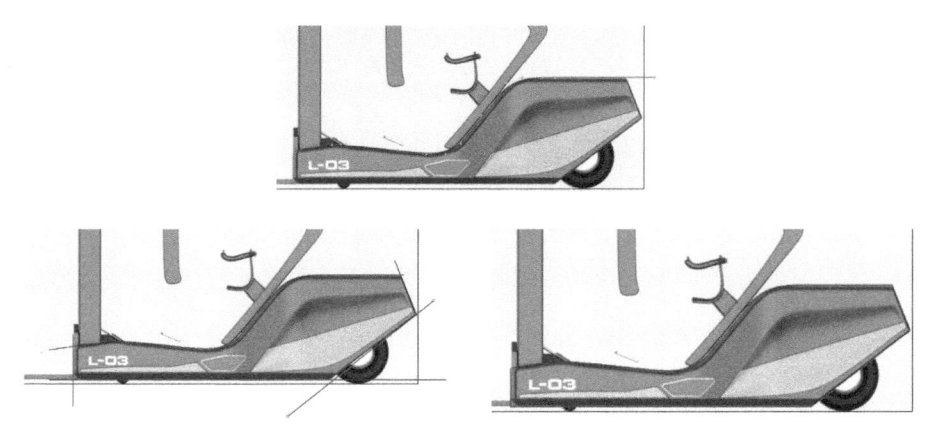

图3-3-4

⑤ 将绘制好的曲线组合为封闭的多重曲线，并挤出实体（在上方命令栏选择两侧"是"，实体"是"）。如图3-3-5所示。

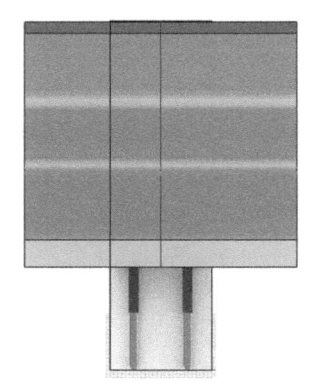

图3-3-5

⑥ 在顶视图绘制两侧轮廓线，挤出曲面（将两曲面的反面向外）。如图3-3-6所示。

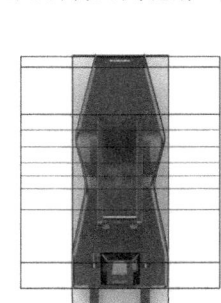

图3-3-6

⑦ 进行布尔运算差集。如图3-3-7所示。

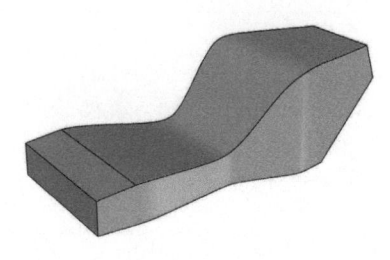

图3-3-7

⑧ 顶部倒圆角半径100cm，左端倒圆角半径7cm。如图3-3-8所示。

图3-3-8

⑨ 选择倒角工具，在两侧进行倒角，圆角半径为6cm。如图3-3-9所示。

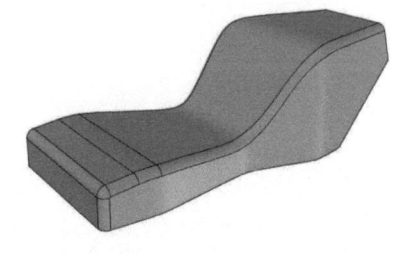

图3-3-9

⑩ 底面除右侧边缘不倒角外，其他边缘进行倒斜角，斜角半径为5cm。如图3-3-10所示。

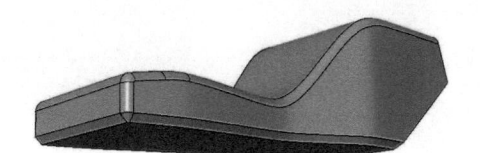

图3-3-10

⑪ 选择抽离曲面工具，抽离曲面侧面，绘制曲线并分割侧面。如图3-3-11所示。

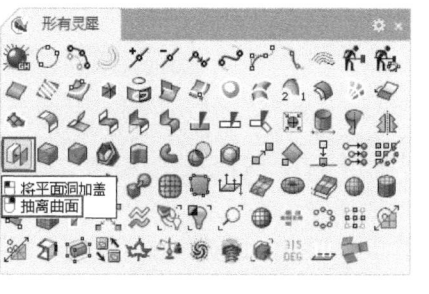

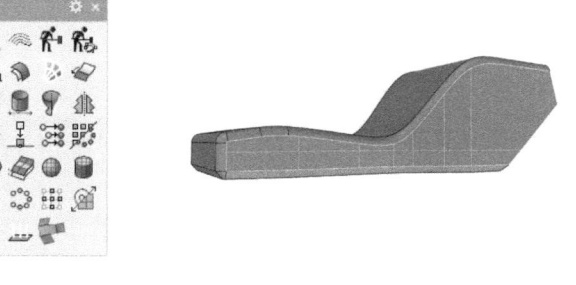

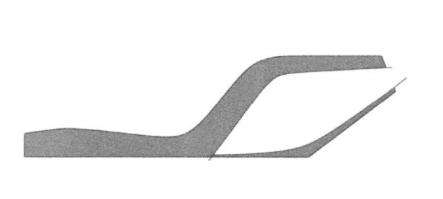

图3-3-11

⑫ 绘制截面线（选择中点捕捉）。如图3-3-12所示。

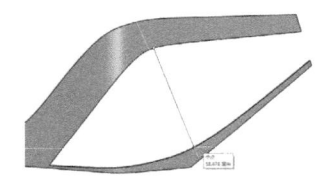

图3-3-12

⑬ 重建曲线为3阶4点，并开启曲线控制点调节曲线中间两个点。如图3-3-13所示。

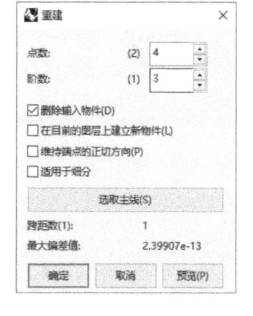

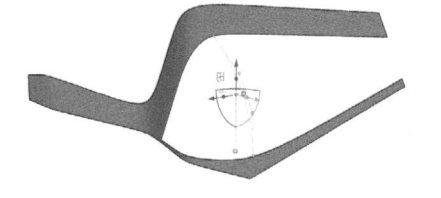

图3-3-13

⑭ 勾选端点捕捉，左侧绘制点与绘制右侧的截面线（重讲为3阶4点），双轨扫掠。如图3-3-14所示。

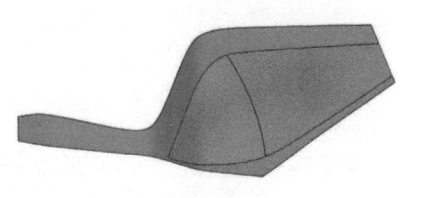

图3-3-14

⑮ 炸开多重曲面并删除另一侧曲面。如图3-3-15所示。

⑯ 镜像另一侧两个曲面。如图3-3-16所示。

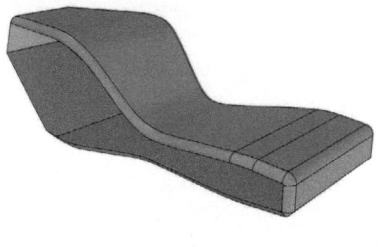 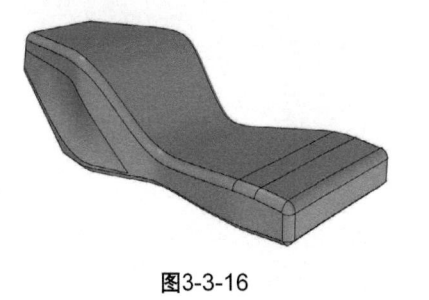

图3-3-15   图3-3-16

⑰ 在顶视图绘制矩形，并挤出实体进行布尔运算差集。如图3-3-17所示。

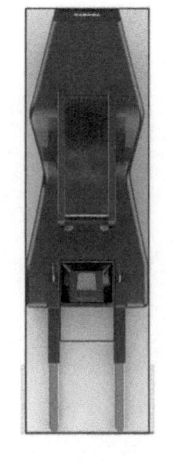 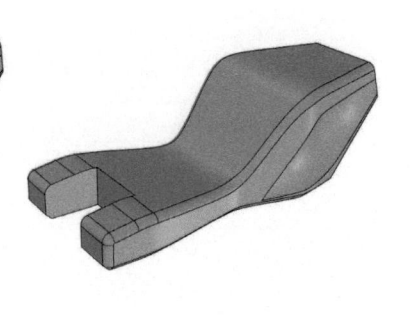

图3-3-17

⑱ 绘制40×40的矩形并挤出实体，进行布尔运算差集。如图3-3-18所示。

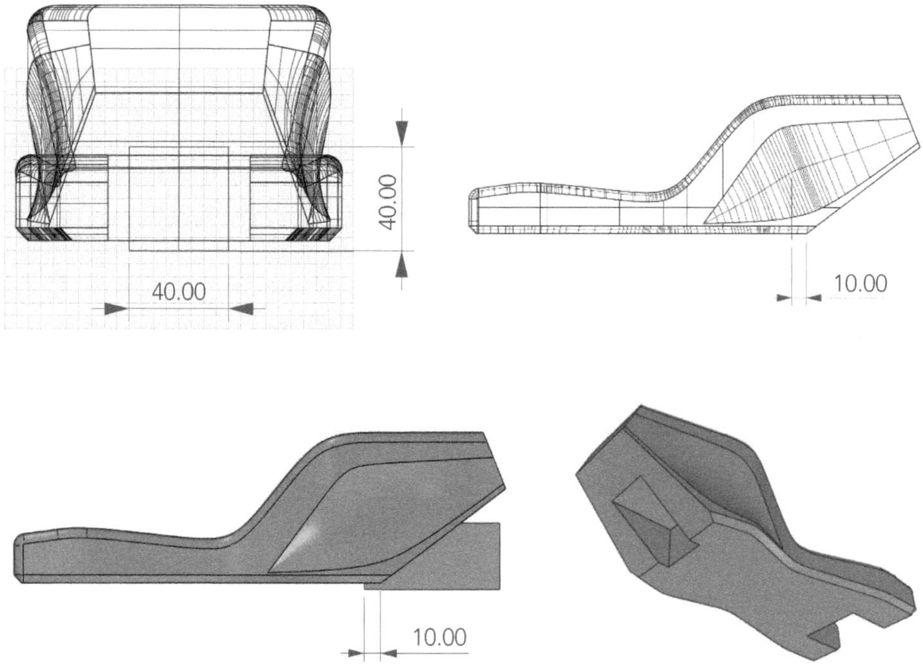

40.00

40.00

10.00

10.00

图3-3-18

⑲ 选择倒圆角工具进行倒圆角，圆角半径为5cm。如图3-3-19所示。

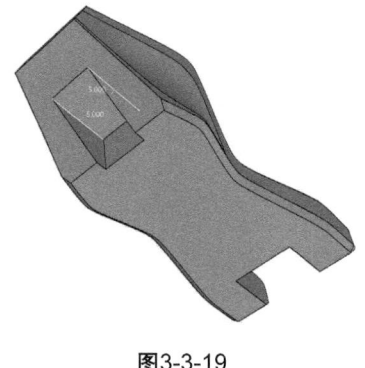

图3-3-19

⑳ 选择边缘进行倒圆角，圆角半径为2cm。如图3-3-20所示。

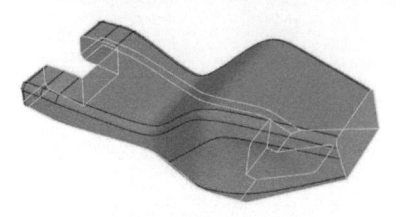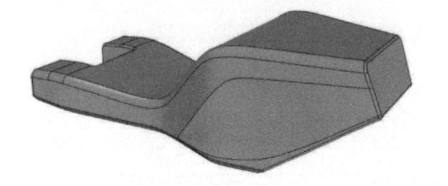

图3-3-20

㉑ 复制曲面并缩放向两侧挤出3cm。如图3-3-21所示。

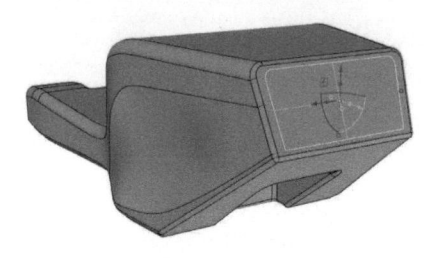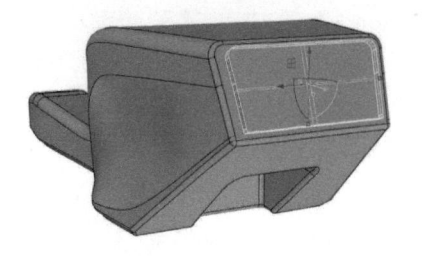

图3-3-21

㉒ 布尔运算差集。如图3-3-22所示。

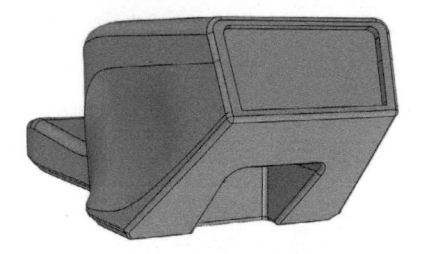

图3-3-22

㉓ 绘制曲线（开放曲线两端穿透曲面）。如图3-3-23所示。

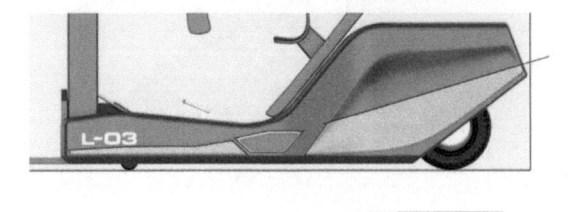

图3-3-23

㉔ 复制曲面并用绘制好的曲线分割曲面。如图3-3-24所示。

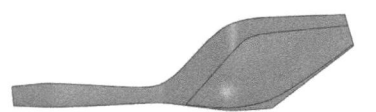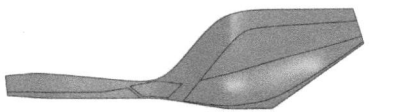

图3-3-24

㉕ 删除曲面，保留图3-3-25所示曲面。

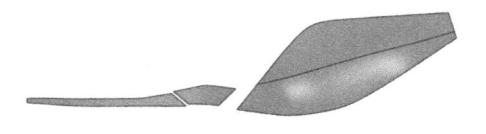

图3-3-25

㉖ 挤出面为实体（点选方向，选择一参考点，并按住Shift确定另一参考点，以此确定正交方向）。如图3-3-26所示。

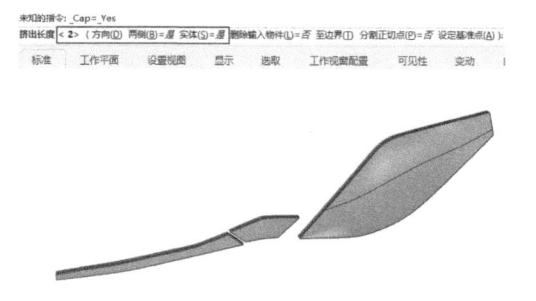

图3-3-26

㉗ 以原点作为镜像轴的参考，镜像当前四个实体。如图3-3-27所示。

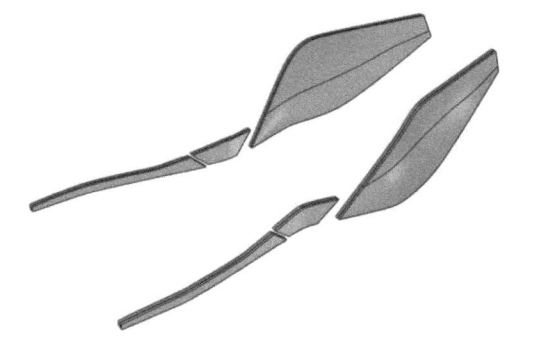

图3-3-27

㉘ 对主体进行布尔运算分割。如图3-3-28所示。

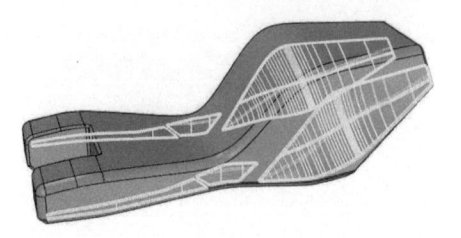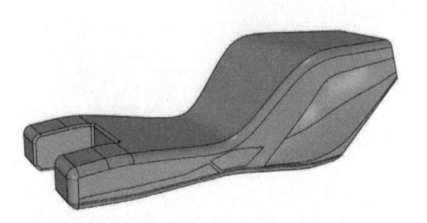

图3-3-28

㉙ 绘制侧面曲线做出如图3-3-29所示结构，挤出实体厚度7.5cm。

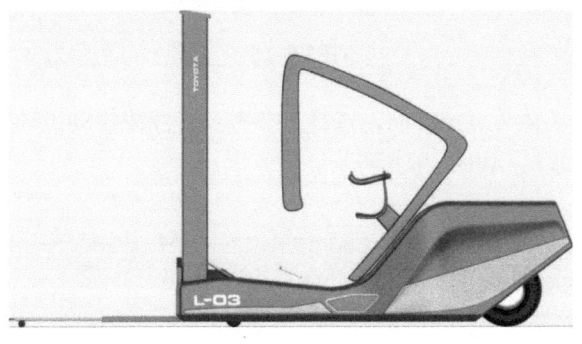

图3-3-29

㉚ 选择倒圆角工具进行倒圆角，倒圆角半径为1cm。如图3-3-30所示。

㉛ 镜像另一侧。如图3-3-31所示。

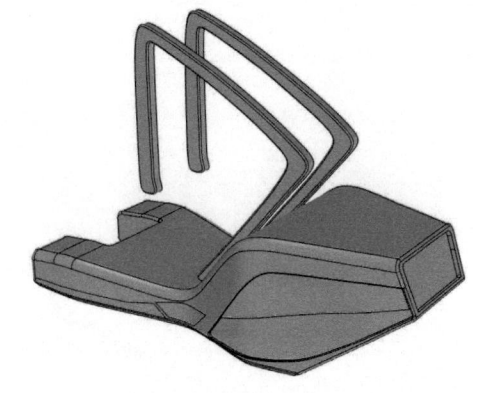

图3-3-30   图3-3-31

㉜ 选择倒圆角工具进行倒圆角,倒圆角半径为2cm。如图3-3-32所示。

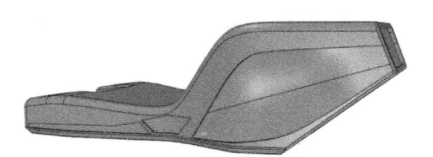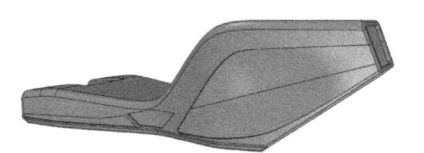

图3-3-32

㉝ 倒圆角0.5cm（倒圆角会失败,解决倒圆角失败的方法,最简单快速的是用修面补面工具Xnurbs）。如图3-3-33所示。

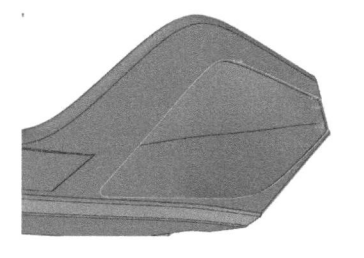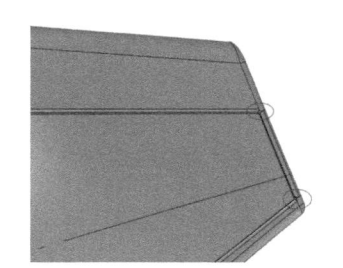

图3-3-33

㉞ 需要用混接曲线命令。如图3-3-34所示。

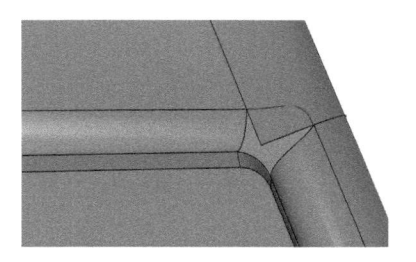

图3-3-34

㉟ 拉回曲线,并修剪曲面。如图3-3-35所示。

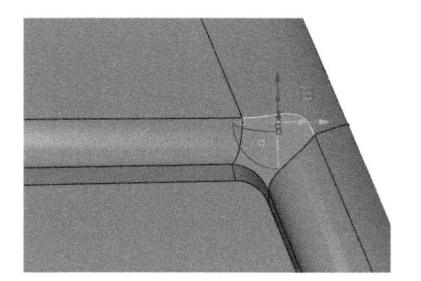

图3-3-35

㊱ 点击Xnurbs，选择G1。如图3-3-36所示。

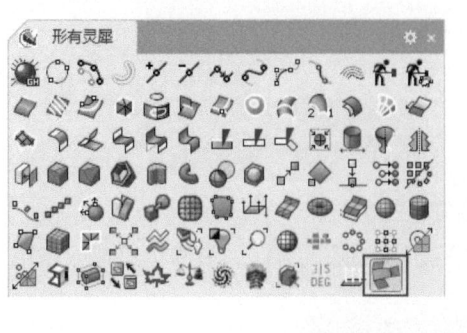 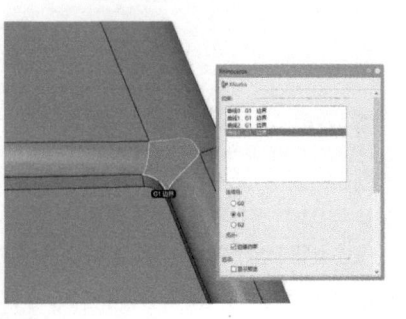

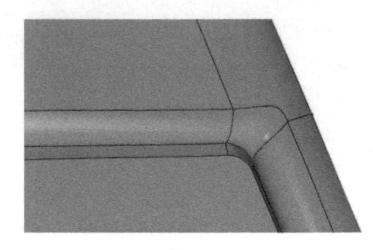

图3-3-36

㊲ 同理将另一个失败倒角修好。如图3-3-37所示。

㊳ 用同样的方式制作另一面（也可以用炸开删除一侧未修补的曲面，将修补好的曲面镜像到另一侧），选择所有曲面组合。如图3-3-38所示。

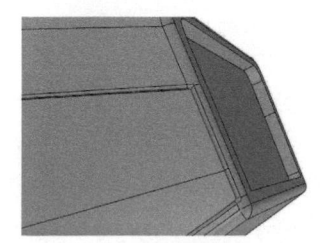 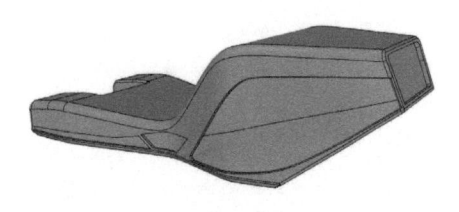

图3-3-37　　　　　　　　　　　　　图3-3-38

㊴ 倒圆角2cm。如图3-3-39所示。

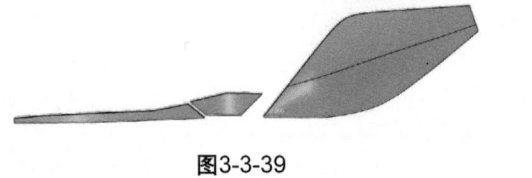

图3-3-39

⑩ 倒圆角0.5cm。如图3-3-40所示。

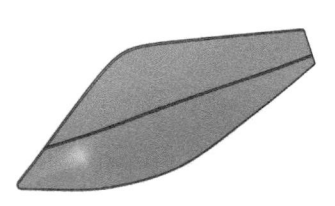

图3-3-40

⑪ 镜像到另一侧。如图3-3-41所示。

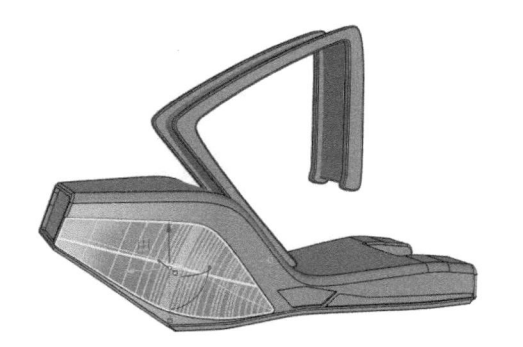

图3-3-41

⑫ 绘制曲线，然后选择形有灵犀中键槽命令，偏移1cm。如图3-3-42所示。

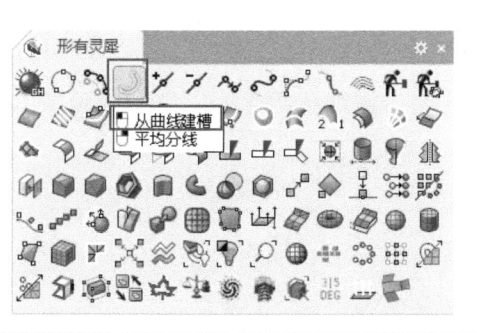

图3-3-42

㊸ 向两侧挤出35cm实体。如图3-3-43所示。

图3-3-43

㊹ 在顶视图绘制矩形54×44，将矩形与主体底部对齐。如图3-3-44所示。

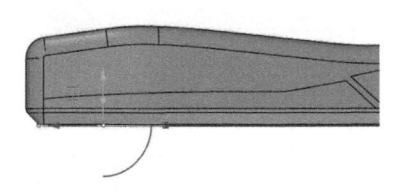

图3-3-44

㊺ 挤出35cm实体。如图3-3-45所示。

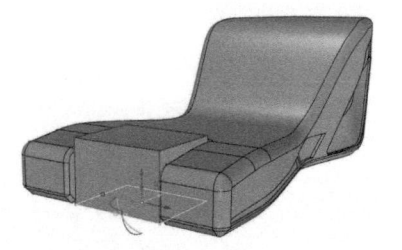

图3-3-45

㊻ 倒斜角5cm。如图3-3-46所示。

图3-3-46

㊼ 倒圆角2cm。如图3-3-47所示。

㊽ 按照参考图在顶视图绘制矩形。如图3-3-48所示。

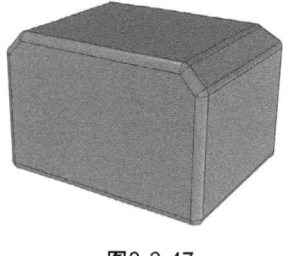

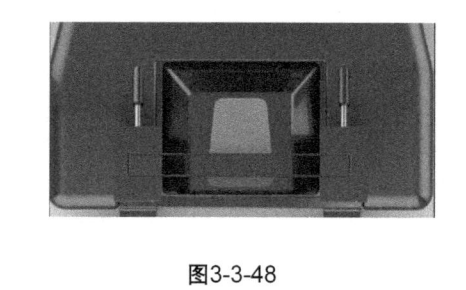

图3-3-47 图3-3-48

㊾ 复制（Ctrl + C）如图3-3-49所示部件，并用上一步绘制好的矩形进行修剪。

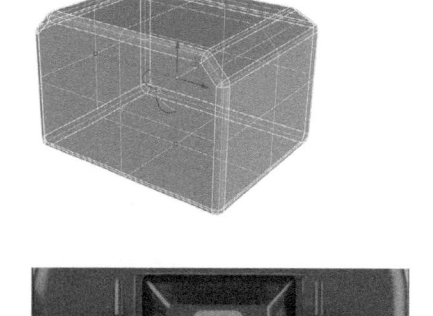

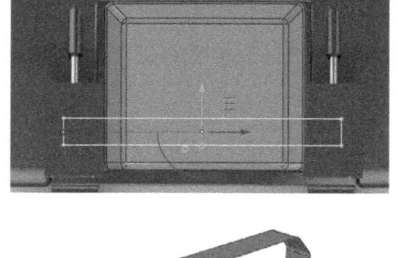

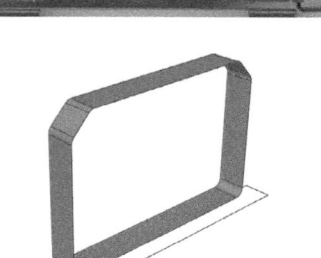

图3-3-49

㊿ 曲面偏移厚度为2cm。如图3-3-50所示。

51 选择倒圆角工具进行倒圆角，倒圆角半径为0.5cm。如图3-3-51所示。

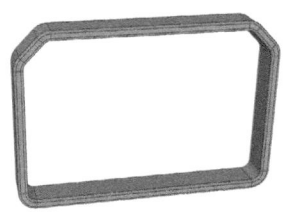

图3-3-50 图3-3-51

㊾ 粘贴（Ctrl＋V）第㊿步复制的部件。如图3-3-52所示。

㊼ 绘制如图3-3-53所示曲线，并挤出实体。

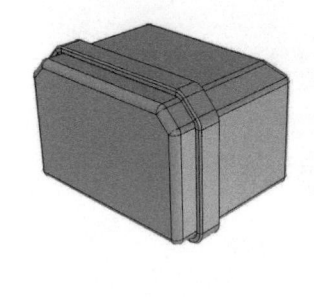

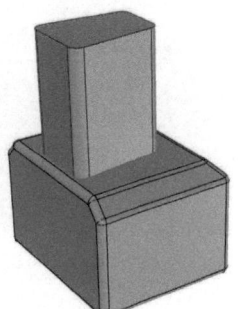

图3-3-52   图3-3-53

㊼ 布尔运算分割。如图3-3-54所示。

㊽ 选择倒圆角工具进行倒圆角，倒圆角半径为0.5cm。如图3-3-55所示。

图3-3-54   图3-3-55

㊽ 在Front视图中绘制曲线。如图3-3-56所示。

㊾ 底部的曲线挤出10cm，上部曲线参考顶视图挤出宽度。如图3-3-57所示。

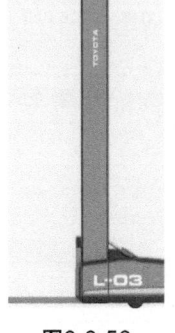

图3-3-56   图3-3-57

⑱ 绘制曲线，挤出实体并布尔运算差集。如图3-3-58所示。

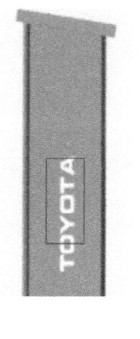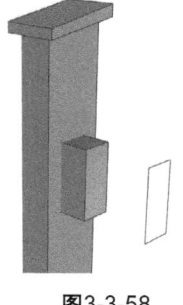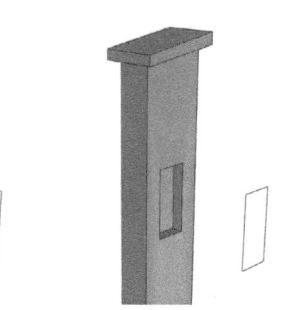

图3-3-58

⑲ 边框方块生成包容块，Ctrl + Shift + 鼠标左键单击，点选曲面用操作轴拖动。如图3-3-59所示。

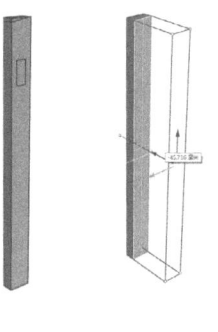

图3-3-59

⑳ 镜像并与主体进行布尔运算差集。如图3-3-60所示。

㉑ 将两个物体布尔运算合集，倒圆角0.5cm。如图3-3-61所示。

图3-3-60　　　　　　　　　　**图3-3-61**

⑥ 镜像物体。如图3-3-62所示。

图3-3-62

⑥ 绘制曲线，挤出4cm实体。如图3-3-63所示。

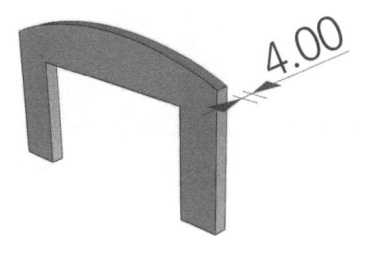

图3-3-63

⑥ 绘制两个闭合曲线，挤出厚度为4cm与3cm实体，倒圆角0.5cm。如图3-3-64所示。

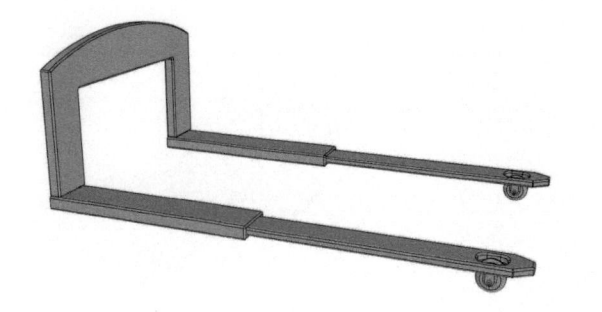

图3-3-64

⑥⑤ 底部前轮制作，布尔运算差集与倒圆角 0.5cm。如图3-3-65所示。

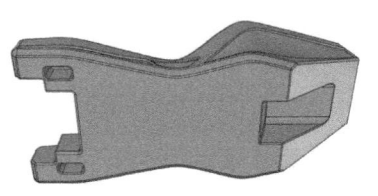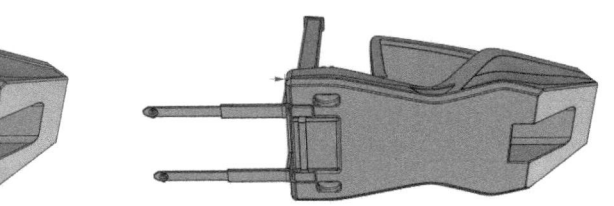

图3-3-65

⑥⑥ 后轮建模，绘制直径54cm与32cm的圆。如图3-3-66所示。

⑥⑦ 挤出厚度为20cm的实体。如图3-3-67所示。

图3-3-66

图3-3-67

⑥⑧ 倒圆角5cm。如图3-3-68所示。

⑥⑨ 选择如图3-3-69所示曲面建立UV曲线。

图3-3-68

图3-3-69

⑦ 在生成的UV曲线一端，绘制直线并重建3阶4点调节成如图3-3-70所示形状。

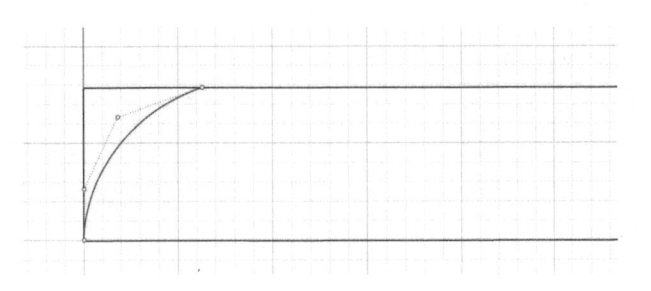

图3-3-70

⑦ 直线阵列50条曲线群组后单轴缩放到UV曲线内部。如图3-3-71所示。

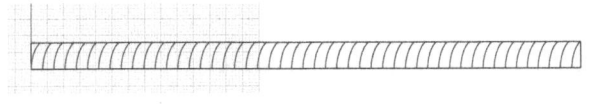

图3-3-71

⑦ 对应UV曲线到曲面。如图3-3-72所示。

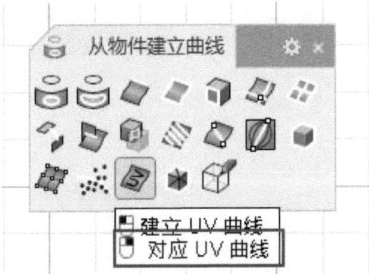

图3-3-72

⑦ 生成直径1cm的圆管（选择圆头）。如图3-3-73所示。

图3-3-73

⑦ 镜像后布尔运算差集（如果一次运算失败可以，少选修剪物体多次进行布尔运算时，有时曲面接缝等问题或者运算量大存在运算一次不成功的现象）。如图3-3-74所示。

图3-3-74

⑦ 制作轮毂，挤出实体并倒圆角5cm。如图3-3-75所示。

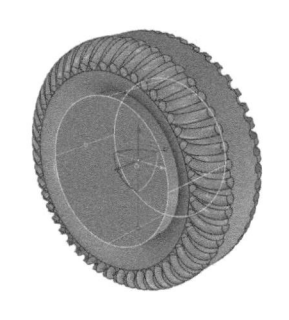

图3-3-75

⑦ 镜像轮胎与轮毂，移动到对应位置。如图3-3-76所示。

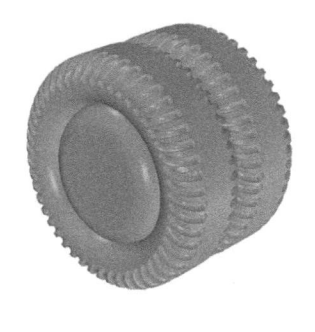
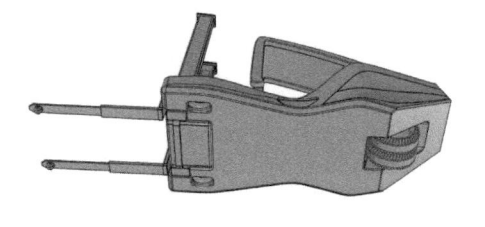

图3-3-76

⑦ 座椅建模，绘制曲线。如图3-3-77所示。

⑦ 挤出曲面，向两侧挤出20cm。如图3-3-78所示。

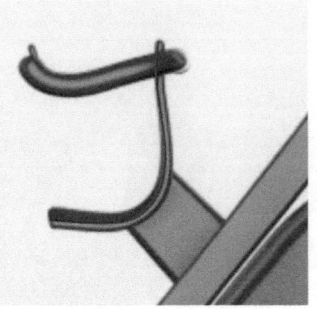 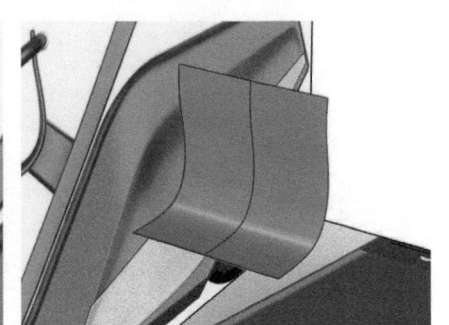

图3-3-77   图3-3-78

⑦ 重建曲面为3阶7个点。如图3-3-79所示。

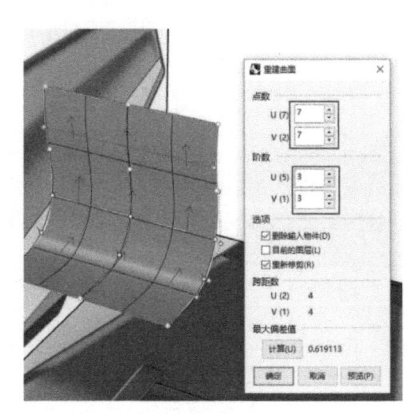

图3-3-79

⑧ 开启曲面控制点，选择底部中间3个点向z轴正方向调节3cm的高度。如图3-3-80所示。

⑧ 偏移曲面2cm厚（选择实体与松弛）。如图3-3-81所示。

图3-3-80   图3-3-81

� 倒圆角0.5cm。如图3-3-82所示。

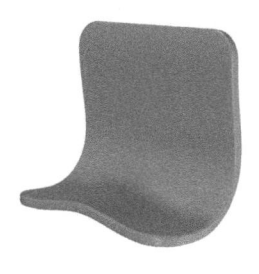

图3-3-82

㉘ 绘制曲线并挤出10cm厚实体。如图3-3-83所示。

㉙ 倒圆角3cm，并与座椅进行布尔运算差集。如图3-3-84所示。

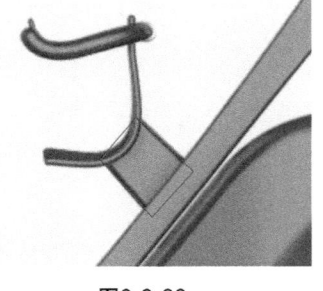
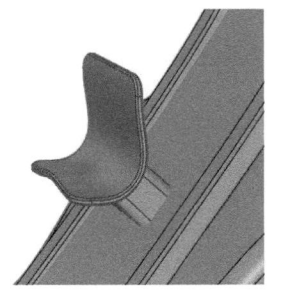

图3-3-83　　　　　　　　　　　　　　**图**3-3-84

㊀ð　　　　绘制扶手，绘制曲线生成圆管。抽离结构线，开启控制点并调节成如图3-3-85所示。

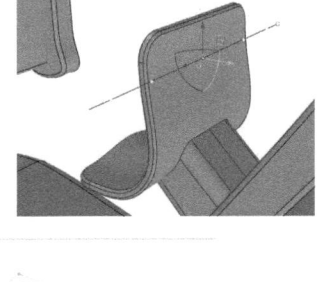

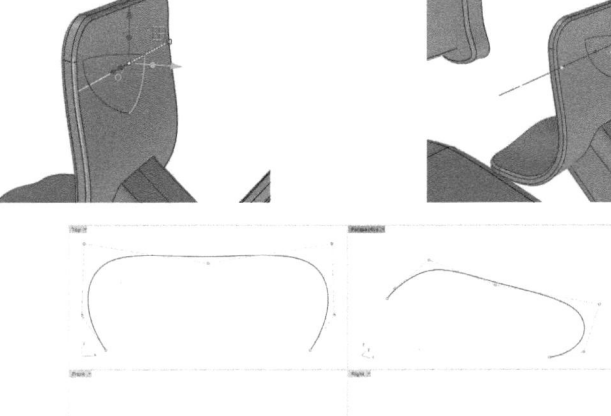

图3-3-85

⑧ 生成圆管。如图3-3-86所示。

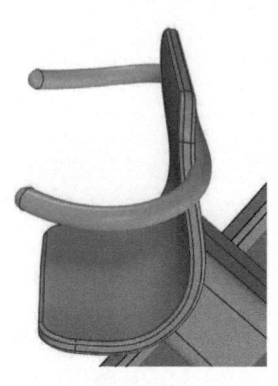

图3-3-86

⑧ 划分图层模型完成。如图3-3-87所示。

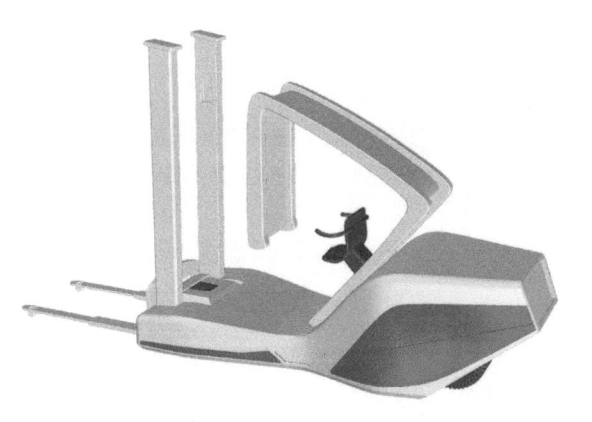

图3-3-87

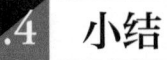 小结

本章节主要希望大家通过叉车产品建模过程的学习，牢牢掌握挤出命令、布尔运算等基础功能的组合应用。交通运输工具结构虽然复杂却有一定的规律，学习到本阶段可通过反复练习以达到更好的效果，以便接下来为复杂的产品建模打好基础。

第 **4** 章

Grasshopper
参数化纹理篇

4.1 Grasshopper基础知识介绍

Grasshopper是一款在Rhino环境下运行的采用程序算法生成模型的可视化节点式的编程插件（Rhino7.0已内置）。它为用户提供了计算机程序的逻辑来组织模型创建和调控操作。Grasshopper不需要太多程序语言的知识就可以通过一些简单的插件界面与可视化的操作流程方法，轻松完成脚本编写中绝大部分建模功能，达到设计师想要的在形态创造上的新追求和方法的模型。

Grasshopper的特点是牵一发而动全身。

 ## 4.1.1 Grasshopper界面

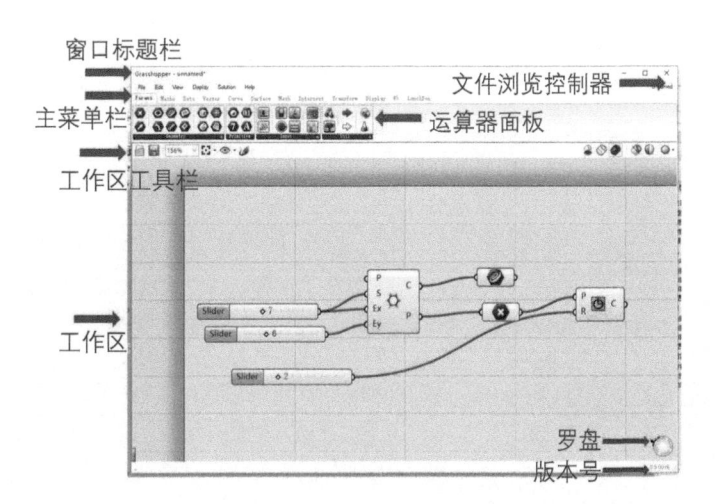

（1）窗口标题栏

Grasshopper的窗口标题栏和普通的窗口标题栏在外观上一致，标题栏的左端显示软件名．grasshopper以及当前的文件名，标题栏的右端从左到右依次是最小化、最大化以及关闭的按钮。双击标题栏并不会最大化还原窗口，而是收起展开窗

口；点击最小化按钮，窗口收起成缩小的标题栏停留到屏幕的左下方；点击关闭按钮，窗口消失，但它并不是真正停止运行了，下一次输入Grasshopper的命令时，该窗口及其数据和装载的文件会立刻重新出现。

（2）主菜单栏

主菜单栏同样采用了Windows经典的菜单栏模式，其操作也与Windows典型的菜单栏相同。

（3）运算器面板

在运算器面板里，所有的运算器处理对象的种类分为若干大类别，再按各自具体的功能分属到大类别下的子类别中。例如，用于求出曲线长度的length运算器归属于Analysis子类别，用于求出曲线等分点的Divide Curve运算器归属于Division子类别，另外，每个子类别中的运算器还根据不同的逻辑考虑而被若干分割线分隔开。可以通过View菜单下的Show Separators项来切换是否显示这些分割线。调整面板的大小可以改变面板中列出的运算器个数和排列状态。还可以通过View菜单下的Show All Components项来切换是否尽量显示全所有的运算器。点击大类别名称可以切换到相应的大类别面板，点击子类别名称可以弹出该子类别中所有运算器的目录面板。目前的版本中，默认的大类别有Params、Math、Set、Vector、Curver、surface、Mesh、intersect和Transform。

（4）工作区工具栏

工作区工具栏提供了常用功能的快捷方式。这一工具栏中的所有功能在菜单栏中也可以运用。如图4-1-1所示。可以通过View菜单下的Canvas Toolbar项来切换是否显示工作区工具栏。工作区工具栏共分为5个子工具栏，从左到右分别服务于草图勾画、工作视图设置、运算器视图设置及操作、程序运行设置以及几何对象视图设置。

图4-1-1

（5）罗盘

工作区里的所有内容都在罗盘中对应一个箭头，从罗盘的圆心指向对应的对象，通过罗盘可以了解工作区的内容分布情况，也能方便地进行查找。

4.1.2 运算器基本操作

运算器的调用：运算器面板中直接点击图标；通过双击工作区域的空白处激活运算器搜索栏，在其中输入关键词。

① 运算器的外观及相关设置如图4-1-2所示。

a.输入参数。

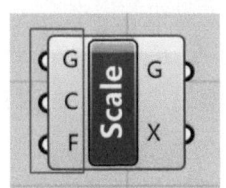

图4-1-2

b.运算器标识（或名称简写）如图4-1-3所示。

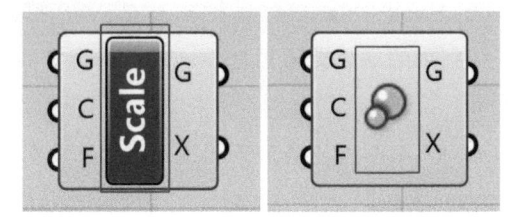

图4-1-3

c.输出参数如图4-1-4所示。

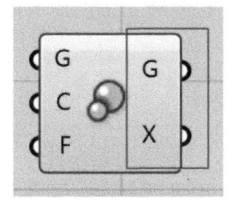

图4-1-4

② 运算器的数据装载与管理。

想要通过运算器的运行来得到结果，就必须对输入参数进行数据装载，而为了保证得到合理的运行结果，也需要运算器能够对所装载的数据具有一定的处理和调整功能。下面我们介绍运算器在这一方面的一些操作。

为输入参数装载数据有两种办法，这两种方法操作不同，导入的数据的性质也不同。一种是针对静态数据输入的，主要是通过运算器内部右键弹出菜单来进行操作；另一种是针对动态数据继承的，主要通过运算器间的参数连接来实现。静态数据是一种特殊的被用户自定义的数据，动态数据是通过用户指定地址从该地址继承而来，无论是静态数据还是动态数据都储存在运算器的参数中，但当存有静态数据的参数继承了动态数据，静态数据不会被删除，而是被暂时忽略，当取消动态数据装载时，原有的静态数据即生效。

在具体讲解之前我们首先来了解两个重要的工具，它们是Param标签栏Special子类中的Panel工具和Slider工具。Panel工具能够输入数值、以特定格式的数值构成几何对象（如点、向量等）、字符串、布尔值等，也能够查看输出的数据，Slider工具能够以鼠标拖动滑条的形式在设定区间内快速改变数值，它们都是我们在下面讲解中需要高频率用到的工具，这里我们依次进行一个了解。

双击Panel工具，弹出Notes面板，我们可以在其中输入数据，这些数据可以有多种定义与含义，可以通过不同的参数运算器转换成不同的数据类型。

Panel工具除了显示数据内容，更显示了数据结构信息，包括数据所在的路径，以及数据在所在数据列表中的序号。

接下来了解Slider工具。如图4-1-5所示，双击其左端名称可以进入编辑窗口，我们可以依次编辑它的名称、表达式（与输入参数的表达式同理）、数值类型R、N、E和O（分别代表浮点数、整数、偶数和奇数）、精确到小数点后的位数、区间最小值、区间最大值、区间长度、当前取值。

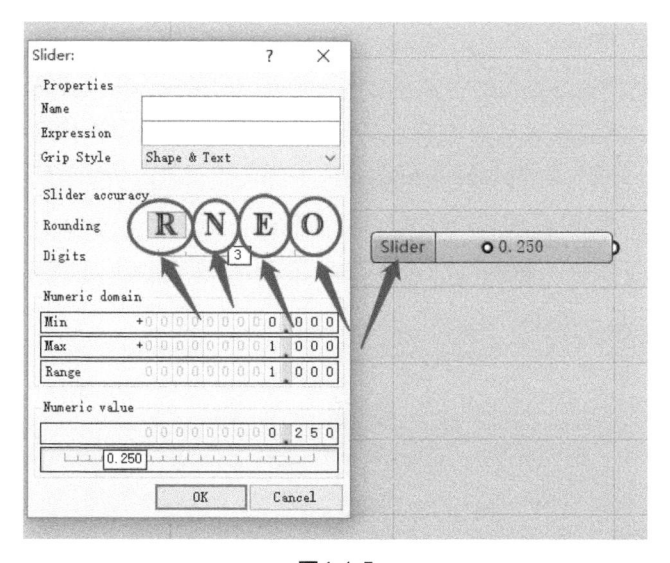

图4-1-5

4.1.3 运算器群体操作

① 多个运算器的排列操作。

当调用的运算器较多时，我们需要对它们进行一些排列上的整合，点击运算器之后，会有一个矩形虚线框出现，每一边上有一组四个按钮，如图4-1-6所示是左右两边模块的操作演示，上下两边的模块以此类推。

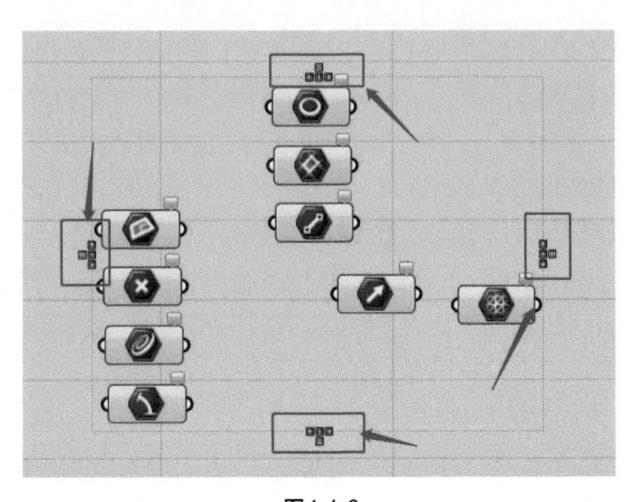

图4-1-6

② **多个运算器成组。**

多个运算器之后，选择Edit菜单中的Group Selection项，或者按Ctrl＋G快捷键，可以将所选的运算器组成一个运算器组，如图4-1-7所示，默认情况下这些运算器将会被紫色的矩形背景包含起来，并且这个矩形会随着运算器位置的移动而改变形状，并保持对运算器组的包含。右击背景会弹出菜单，可以在第一项为运算器组定义名称，该名称会显示在背景上方。点击Select all项可以选择组内的所有运算器之后的Box outline、Blob outline和Rectang outline项，可以切换不同的背景轮廓方案或者通过双击背景也可以按顺序轮换这些轮廓方案，而通过Color项则可以调整背景的颜色和透明度。图中展示了运算器组在视图上的各种不同状态。

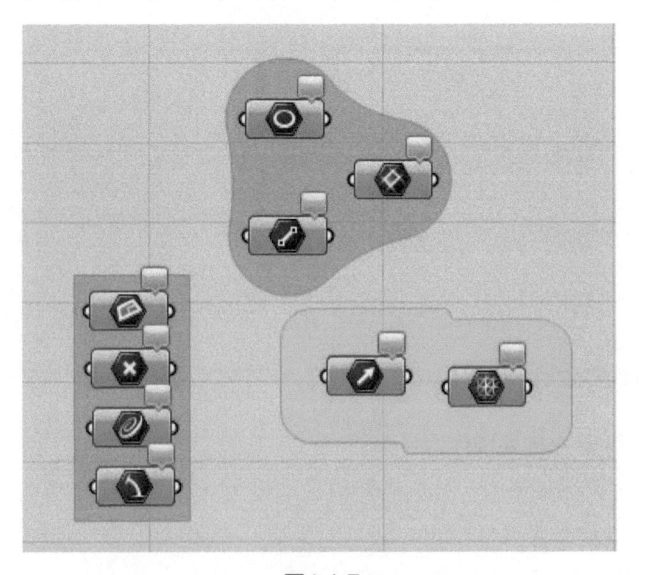

图4-1-7

③ **自定义运算器。**

除了将多个运算器进行成组，我们还可以把一些在很多不同程序中都可能经常用到的一些运算器连接形式封装成一个新的自定义运算器，并且可以保存到自定义的运算器标签栏中，以后可以任意调用。这就是Grasshopper的user功能，对于复杂程度高的Grasshopper程序设计来说，它可以使连线界面变得更加简洁美观，还可以在多次的程序设计中省时省力。如图4-1-8所示，我们构建了图中的运算器连线。下面，我们把输入参数和输出参数分别连接上 Input 工具 Output 和工具，然后选中它们和需要进行自定义运算器的运算器，点击工作区工具栏中的运算器视图及操作工具区域的第一项"Cluster"按钮，自定义运算器就生成了，然后我们连入相应的参数，就会达到与生成前同样的效果。

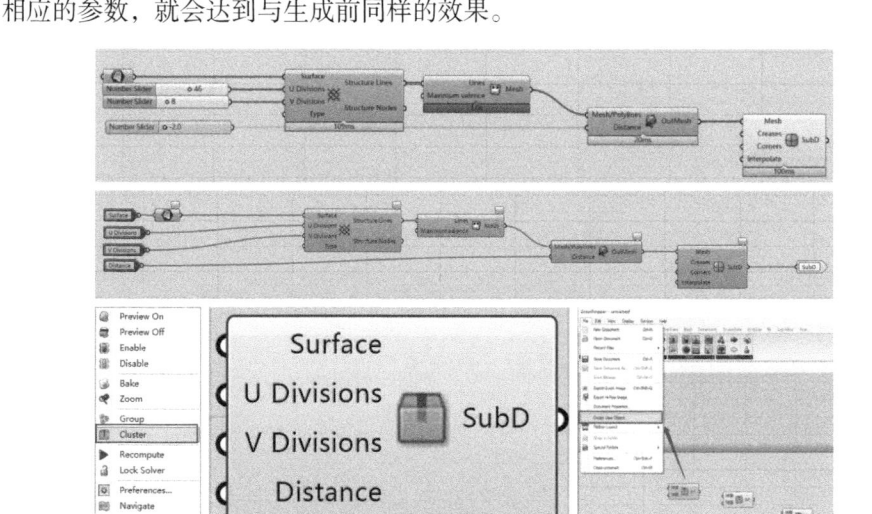

图4-1-8

下面我们来把刚刚创建的运算器添加进运算器标签栏。如图4-1-9所示，选中运算器，点击File菜单中的"Crate User Object"项，弹出"User Object Properties"窗口，依次填写运算器的全称、简称、描述、种类、子类、显示特性后，在下方的Icon栏可以为其设置颜色和图标，我们可以选取现有的图标，也可以导入自己设计图像文件并改变色相。

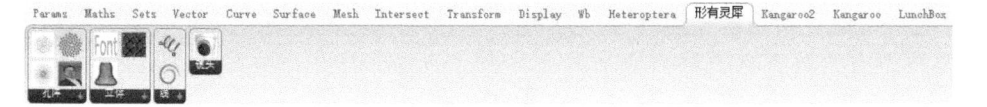

图4-1-9

④ **程序整体运行设置如图4-1-10所示。**

虽然在默认情况下，Grasshopper是自动运行工作区现有程序设计的，但程序

设计往往容易涉及巨大信息量而终归具有"崩溃"的风险，所以Grasshopper也会像多数编程软件一样为用户提供决定程序运行与否的功能。点击工作区工具栏中的运算器视图及操作工具区域的"Lock solver"按钮，可以使Grasshopper不再自动运行工作区中的程序，在这之后进行的工作区内的程序变动都不会使整个程序付诸执行。如图所示，工作区也会被一个红色的框所框住，并且在工作区左下角会产生一个锁状的图标。这时候，Grasshopper仍然在Rhinoceros窗口中保留着最近一次执行程序获得的结果，但对程序进行任意步骤的改变之后，该步骤之后与该步骤有关的运行结果都将消失，可以通过Solution菜单中的Recompute项F5快捷键或者工作区工作栏中的Rebuild solution项来手动运行一次当前的整个程序。通过再次点击"Lock solver"项可以中止之前的状态，恢复到一经变动就自动执行程序的模式。

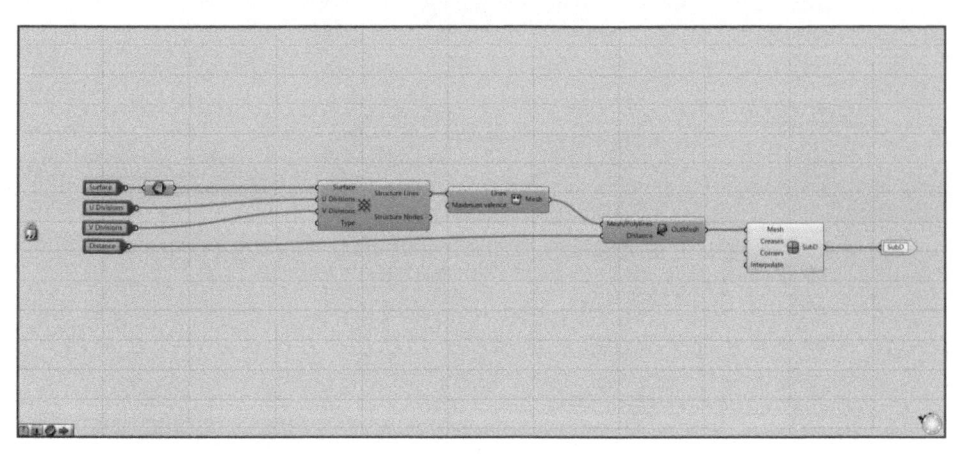

图4-1-10

4.1.4 Grasshopper视图设置

Grasshopper工作区域视图设置如图4-1-11所示。

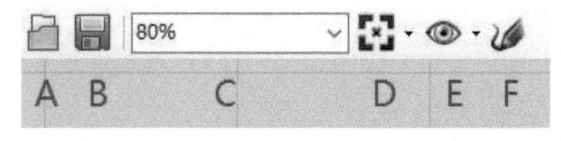

图4-1-11

常用的工作区的视图选项主要集中在工作区工作栏的第二个子栏，我们按图中的顺序从左至右依次讲解。

114

A：打开gh文件。

B：保存gh文件。

C：画布缩放比例，多数软件中常见的视图缩放功能，调整内容的显示大小。

D：查看整个文档，可以将工作区视图移动至以现有运算器为中心。点击旁边的向下箭头会弹出菜单，从中可以将工作区视图移动至以所选运算器为中心，也可以让现有的运算器尽量靠近工作区窗口的左上、右上、左下或者右下。

E：Views，可以通过输入名称，定位坐标和缩放比例来新建并保存想要的工作区视图，之后可以在下拉菜单中调用保存过的工作区视图。

F：创建一个新的草图对象。某些时候需要通过一些勾勾画画来为我们的程序设计做一些个性的记号或者其他特别的图像信息，画笔工具为我们提供了这些功能。点击工作区工具栏的第一项图标为铅笔的按钮，就可以激活画笔工具条，可以自定义线宽、线型和颜色，然后按住鼠标左键在工作区内进行描绘，完毕后，点击右键或者点击工具条的绿色对勾按钮即可创建一个新的草图对象。如图4-1-12所示。

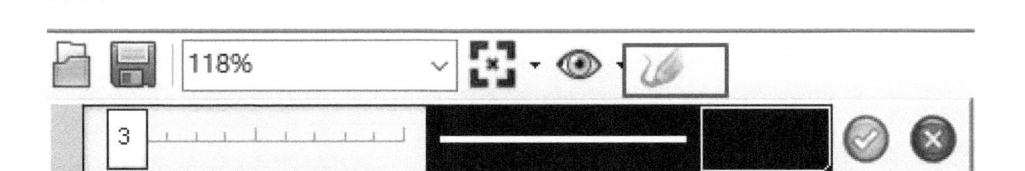

图4-1-12

Grasshopper对象视图设置如图4-1-13所示。

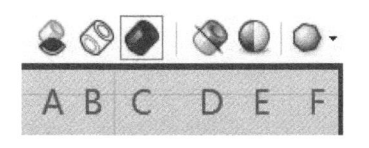

图4-1-13

接下来介绍运行结果的视图选项，主要集中在工作区工作栏的第五个子栏，我们按图中所示顺序由左至右进行讲解。

A：不描绘任何预览图形。

B：线框预览。

C：描绘着色预览。

D：仅对选定对象描绘预览对象。

E：文档预览设置。

F：预览网格质量。

4.2 手持吸尘器参数化纹理建模

 4.2.1 建模思路

该手持吸尘器模型大致可分为三部分：吸尘头、顶部把手、下部主体。建模过程及方法分析：吸尘头为双轨或者放样单轨皆可，把手为单轨扫掠，下部主体为双轨扫掠，与把手布尔运算后倒圆角过渡，散热孔与过滤孔用Grasshopper制作。

4.2.2 建模步骤

① 参考图长500mm×190mm×111mm。如图4-2-1～图4-2-3所示。

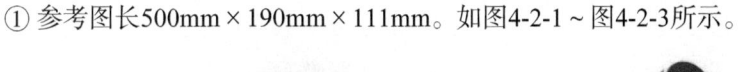

图4-2-1　　　　　　　　　　　　　　　　图4-2-2

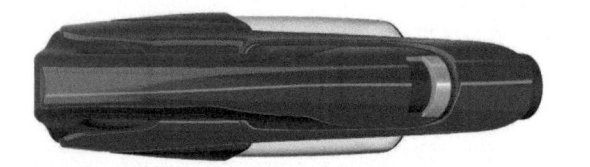

图4-2-3

② 放置底图，下设三个新子图层，如图4-2-4所示。

图层			材质	线型
默认值	✓	■		**Cont**
∨ 底图	♀ ⌂ ■			Cont
前视...	♀ ⌂ ■			Cont
顶视...	♀ ⌂ ■			Cont
右视...	♀ ⌂ ■			Cont

图4-2-4

③ 将前视图缩放到500mm。如图4-2-5所示。

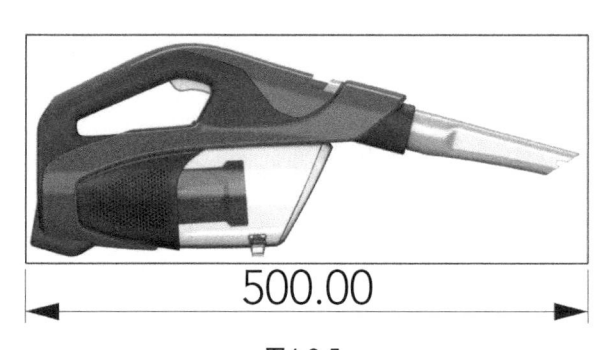

图4-2-5

④ 其他视图分别对应放置相应视图。如图4-2-6所示。

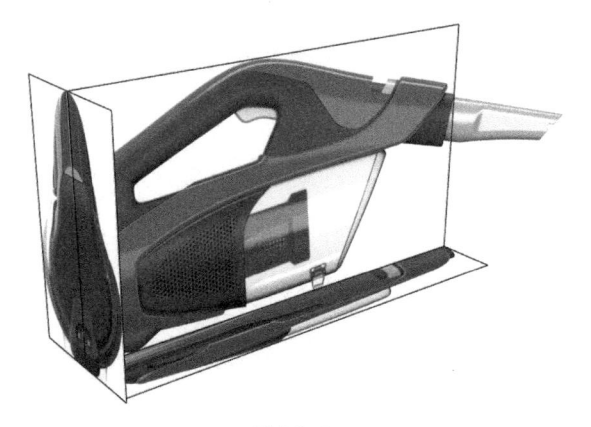

图4-2-6

⑤ 绘制5阶6点的曲线（两端长一点），如图4-2-7所示。

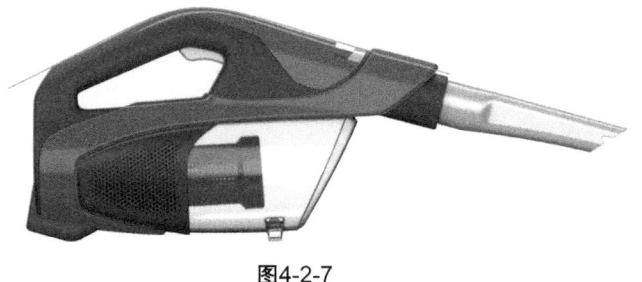

图4-2-7

⑥ 从中点绘制两条直线（勾选十字线），将两条截面线重建为5阶6点曲线并调节拟合各个视图。如图4-2-8～图4-2-11所示。

图4-2-8

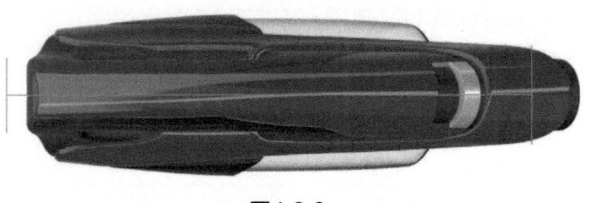

图4-2-9

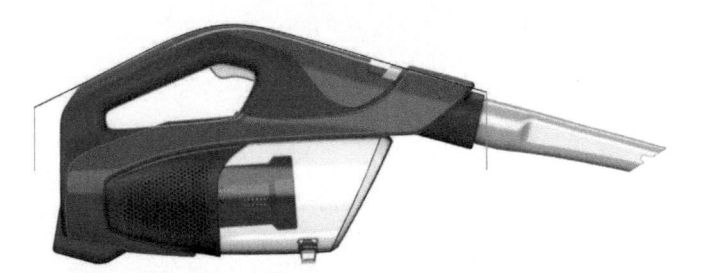

图4-2-10

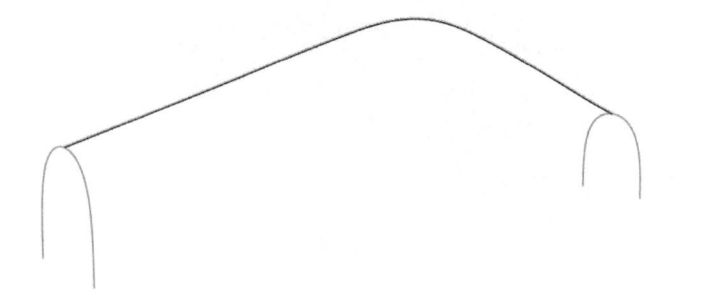

图4-2-11

⑦ 将截面线分割后重建3阶4点（顶端两点三点共线），下面控制点向下移动（插入到主体位置）。如图4-2-12、图4-2-13所示。

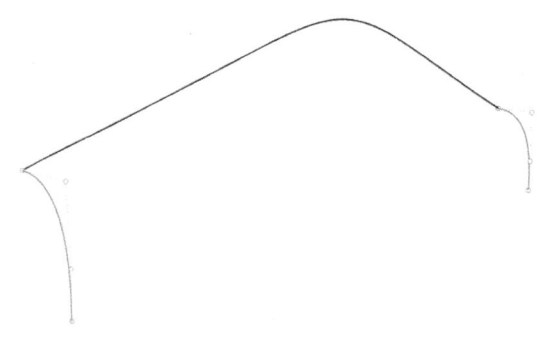

图4-2-12

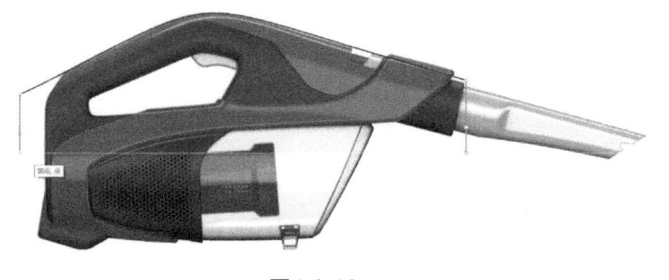

图4-2-13

⑧ 单轨扫掠，竖向配平（顶部点为参考点），并在顶视图调节控制点到相应位置，选择最底部一排点拍平。如图4-2-14～图4-2-17所示。

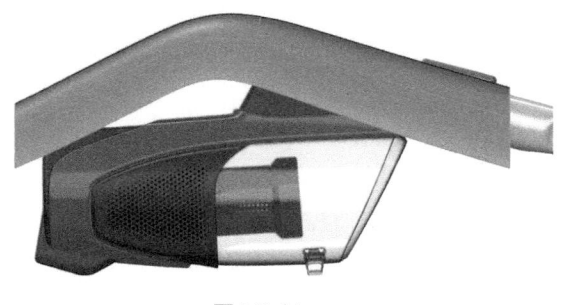

图4-2-14

图4-2-15

图4-2-16

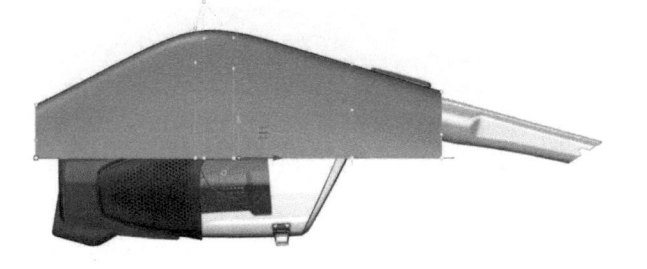

图4-2-17

⑨ 镜像并放样底部，如图4-2-18所示。

图4-2-18

⑩ 复制边缘线并调节成如图4-2-19所示。镜像得到底部曲线，拍平到*x*轴所在平面。

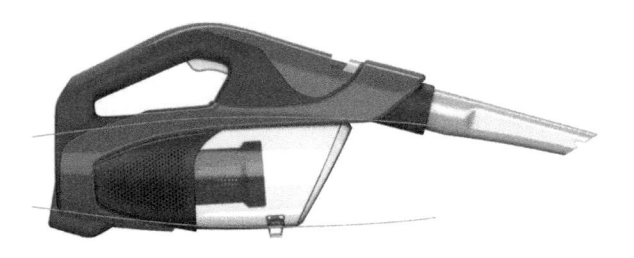

图4-2-19

⑪ 绘制截面圆，并切掉一半。如图4-2-20、图4-2-21所示。

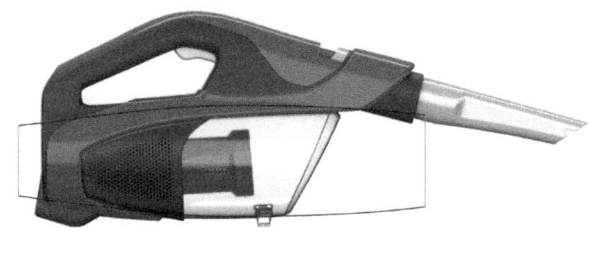

图4-2-20

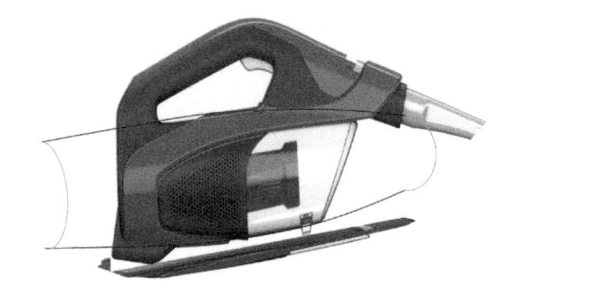

图4-2-21

⑫ 双轨扫掠，并镜像。如图4-2-22、图4-2-23所示。

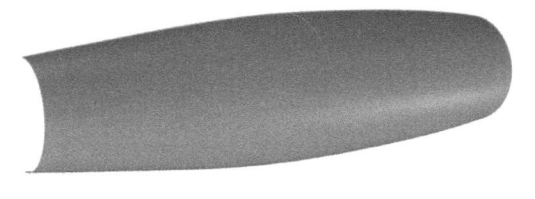

图4-2-22

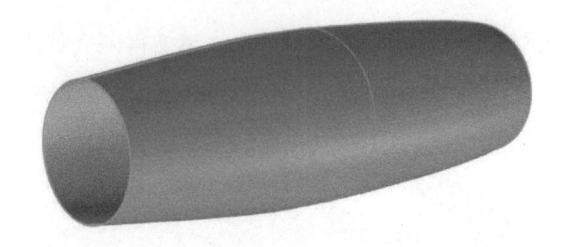

图4-2-23

⑬ 在顶视图等比缩放到对应大小。如图4-2-24所示。

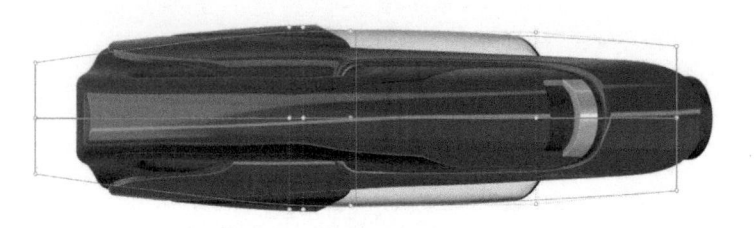

图4-2-24

⑭ 将两部分加盖，并布尔运算合集。如图4-2-25所示。

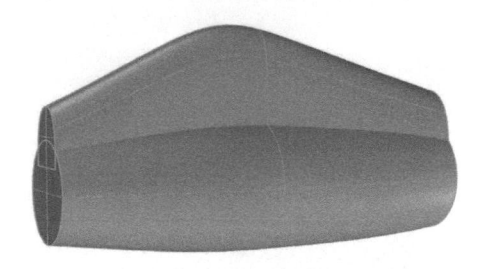

图4-2-25

⑮ 炸开删掉两端平面，组合加盖将两侧的多重曲面转化为单一曲面，倒圆角半径50mm。如图4-2-26～图4-2-29所示。

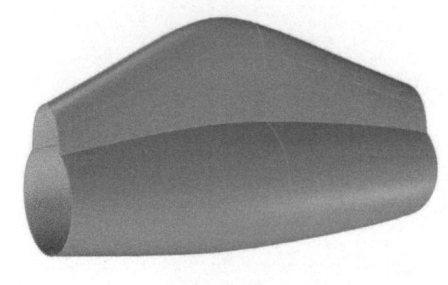

图4-2-26

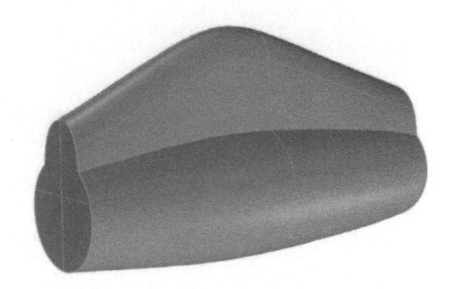

图4-2-27

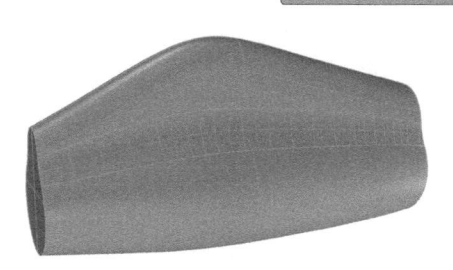

图4-2-28

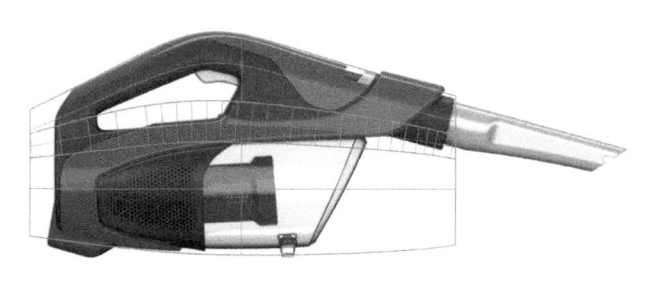

图4-2-29

⑯ 绘制封闭曲线并挤出实体，与主体进行布尔运算差集。如图4-2-30～图4-2-32所示。

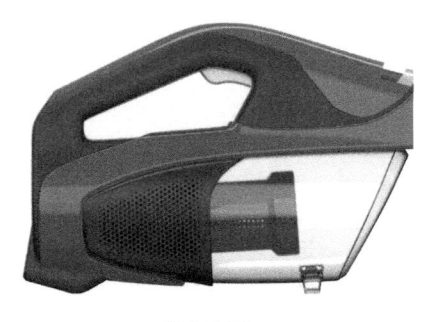

图4-2-30

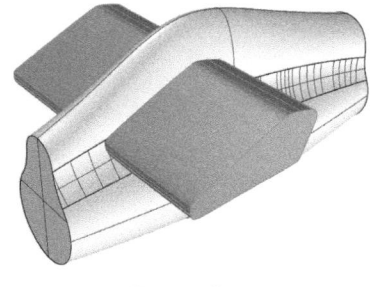

图4-2-31

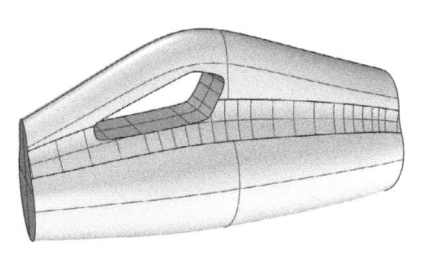

图4-2-32

⑰ 倒圆角半径10mm。如图4-2-33所示。

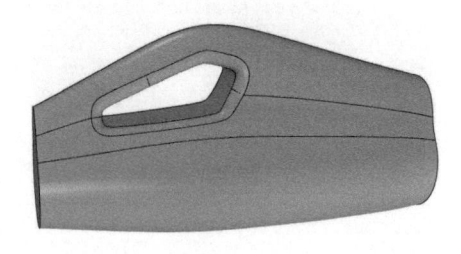

图4-2-33

⑱ 绘制三条曲线，相互修剪后组合挤出多重曲面并布尔运算差集。如图4-2-34～图4-2-37所示。

图4-2-34

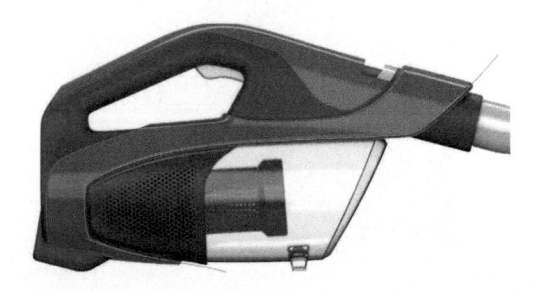

图4-2-35

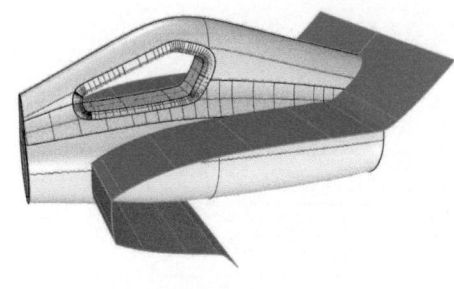

图4-2-36

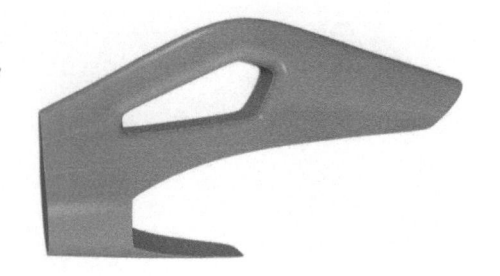

图4-2-37

⑲ 绘制曲线，并挤出布尔运算差集。如图4-2-38～图4-2-40所示。

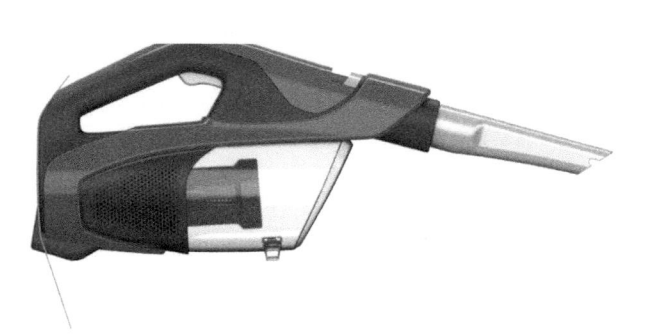

图4-2-38

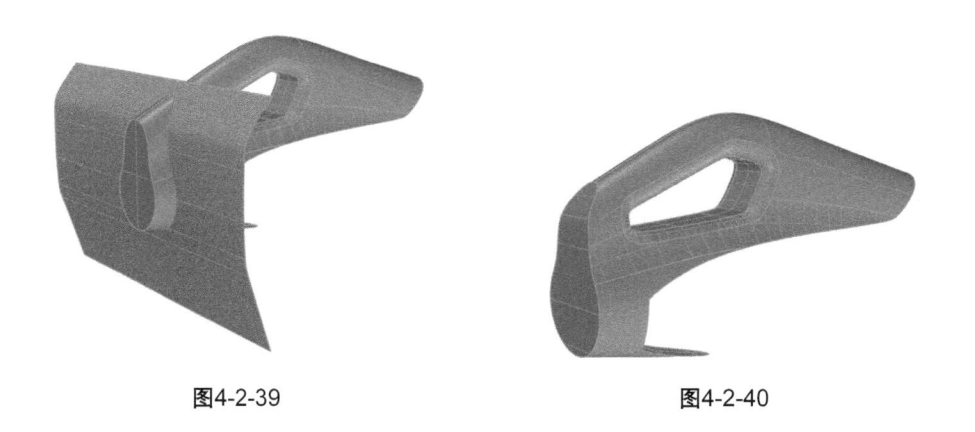

图4-2-39   图4-2-40

⑳ 绘制曲线，挤出曲面，布尔运算分割。如图4-2-41、图4-2-42所示。

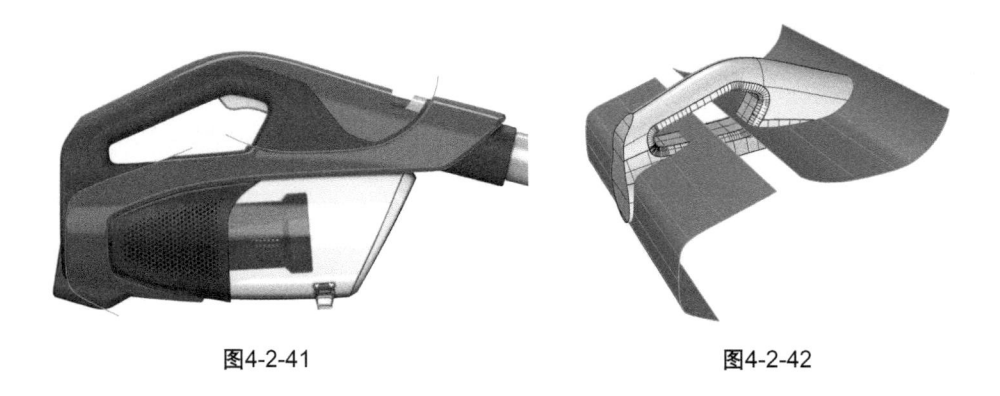

图4-2-41   图4-2-42

㉑ 倒圆角10mm。如图4-2-43所示。

㉒ 将部件偏移2mm，圆角，实体。如图4-2-44所示。

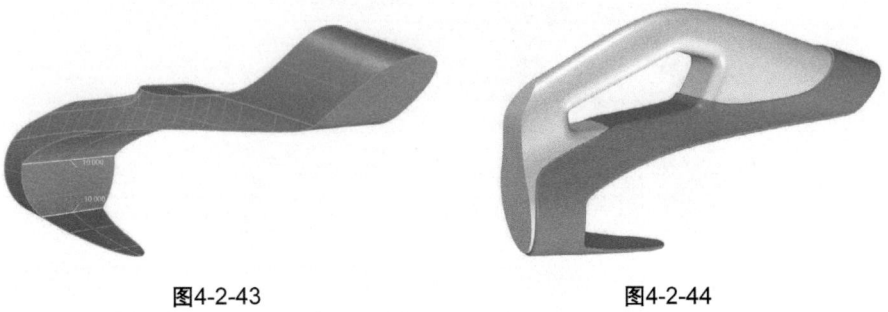

图4-2-43　　　　　　　　　　　　图4-2-44

㉓ 倒圆角4mm。如图4-2-45所示。

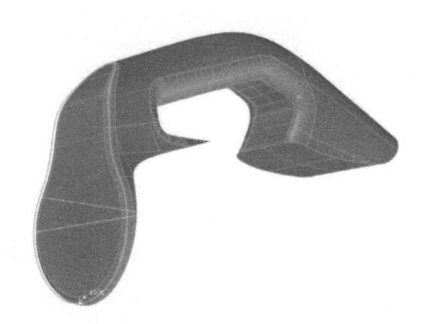

图4-2-45

㉔ 复制面并修复曲面。如图4-2-46～图4-2-48所示。

图4-2-46　　　　　　　　　　　　　　图4-2-47

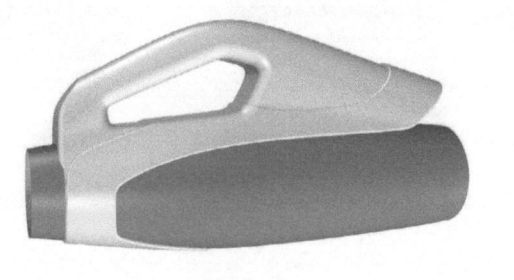

图4-2-48

㉕ 将曲线倒圆角10mm，并向右偏移2mm后3阶升5阶，后向右偏移3mm，如图4-2-49 ~ 图4-25-51所示。

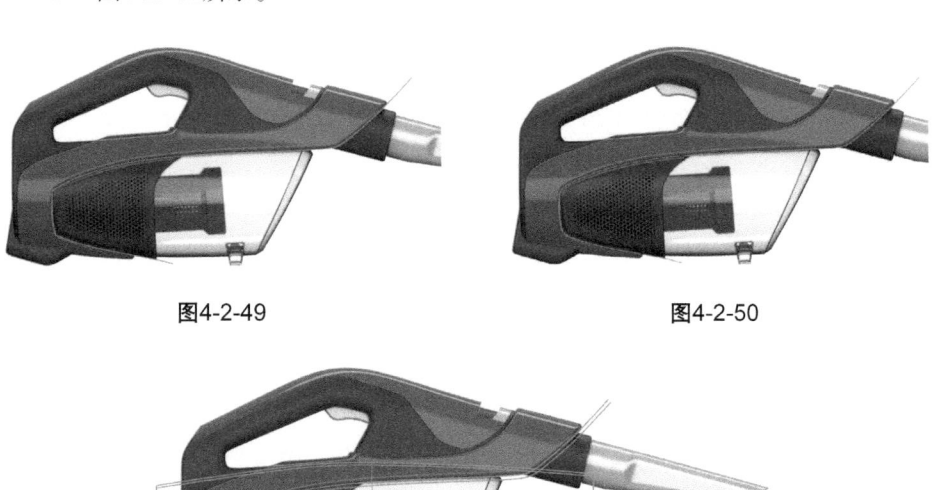

图4-2-49   图4-2-50

图4-2-51

㉖ 偏移曲面2mm并修剪曲面。如图4-2-52、图4-2-53所示。

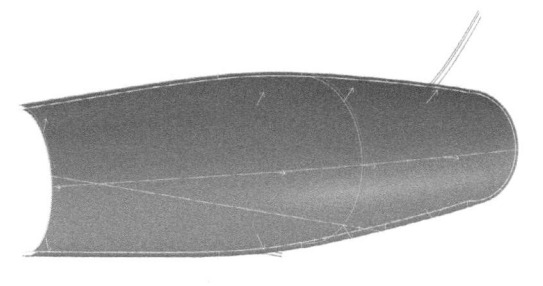

图4-2-52

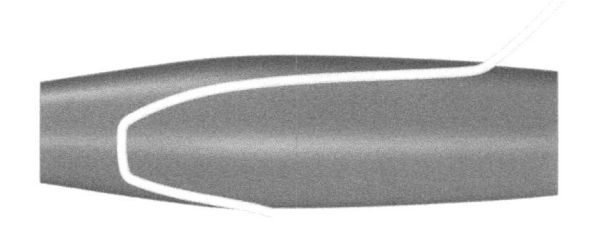

图4-2-53

㉗ 混接曲面，如图4-2-54、图4-2-55所示。

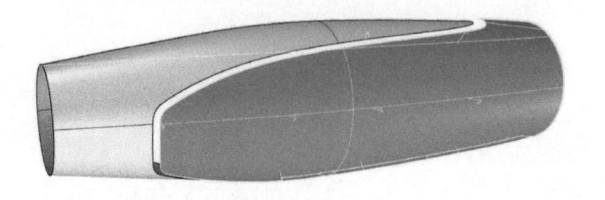

图4-2-54

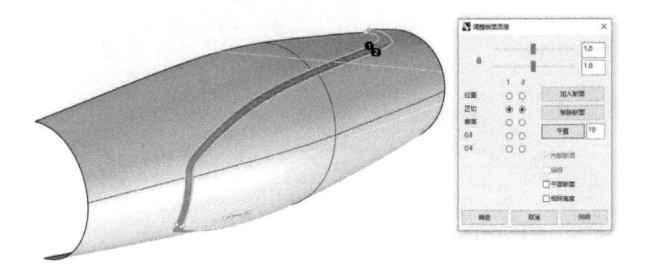

图4-2-55

㉘ 绘制曲线，挤出并布尔运算差集，倒圆角1mm。如图4-2-56～图4-2-59
所示。

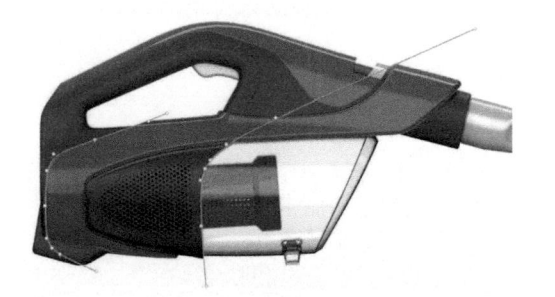

图4-2-56

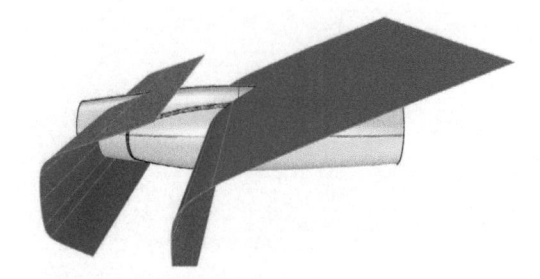

图4-2-57

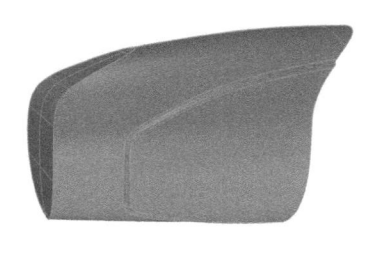

图4-2-58

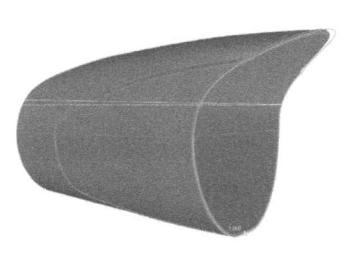

图4-2-59

㉙ 复制曲面并修复，向内偏移3mm。如图4-2-60～图4-2-62所示。

图4-2-60

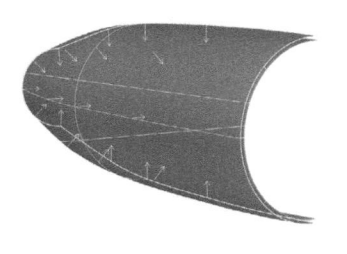

图4-2-61

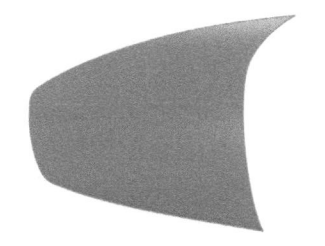

图4-2-62

㉚ 镜像组合加盖，与左侧物体布尔运算差集。将曲线偏移3mm，绘制另一条曲线，挤出曲面，布尔运算差集。如图4-2-63～图4-2-67所示。

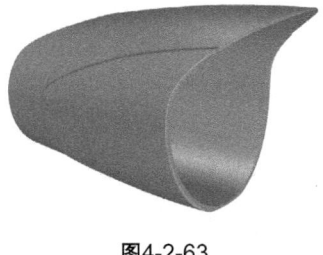

图4-2-63

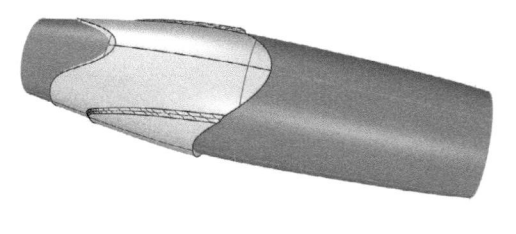

图4-2-64

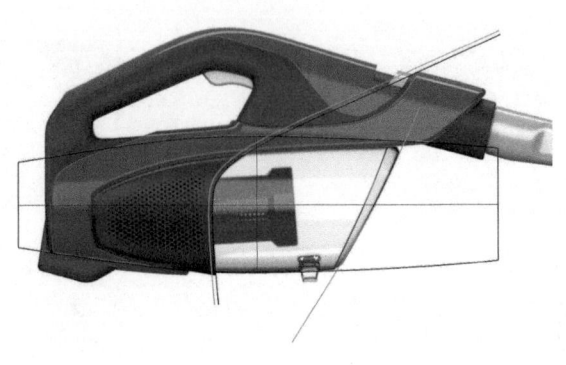

图4-2-65

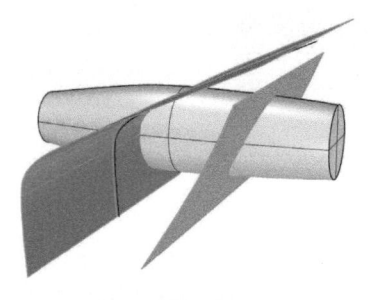

图4-2-66

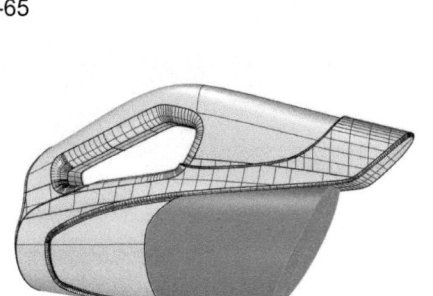

图4-2-67

㉛ 倒斜角8mm。如图4-2-68、图4-2-69所示。

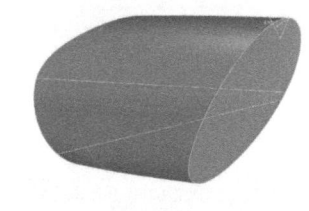

图4-2-68

图4-2-69

㉜ 炸开物体并向左偏移曲面2mm，组合曲面偏移2mm为实体。如图4-2-70～图4-2-72所示。

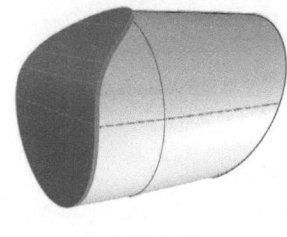

图4-2-70

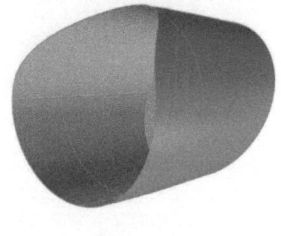

图4-2-71

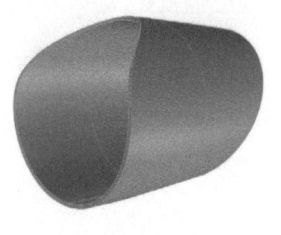

图4-2-72

㉝ 绘制过滤网，偏移2mm厚度。如图4-2-73～图4-2-75所示。

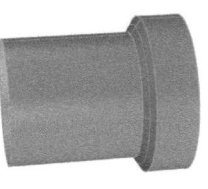

图4-2-74

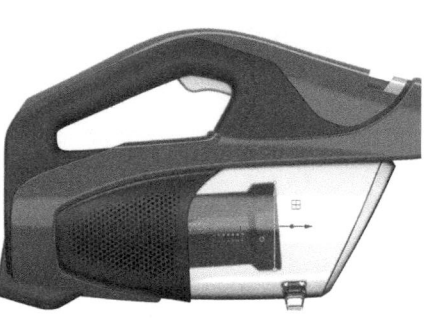

图4-2-73

图4-2-75

㉞ 绘制插头与脚。如图4-2-76～图4-2-80所示。

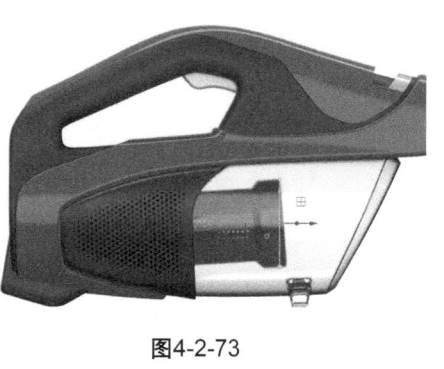

图4-2-76

图4-2-77

图4-2-78

图4-2-79

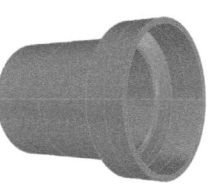

图4-2-80

㉟ 倒圆角8mm，失败处改倒角半径为5mm。如图4-2-81所示。

图4-2-81

㊱ 倒圆角为5mm。如图4-2-82、图4-2-83所示。

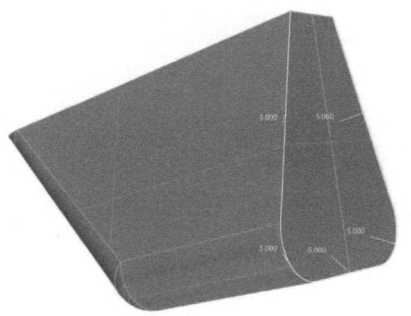
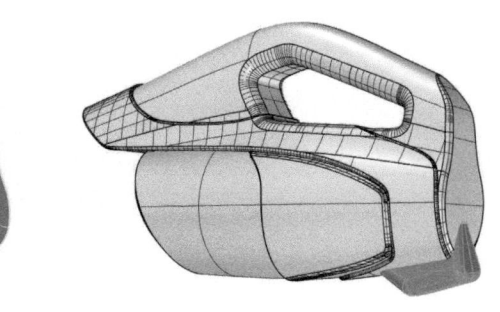

图4-2-82   图4-2-83

㊲ 布尔运算差集，倒圆角0.5mm。如图4-2-84、图4-2-85所示。

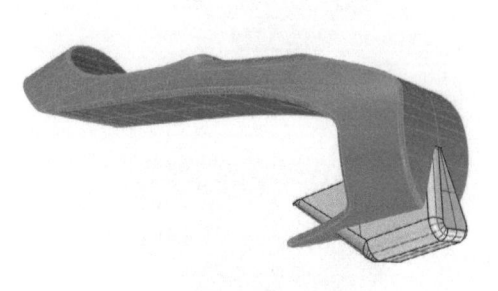
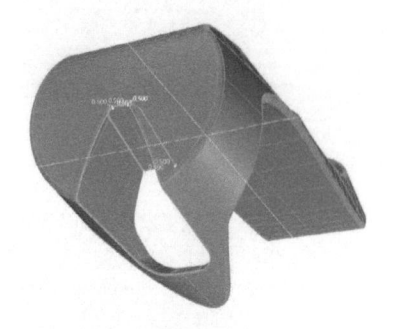

图4-2-84   图4-2-85

㊳ 布尔运算合集，倒圆角1mm。如图4-2-86所示。

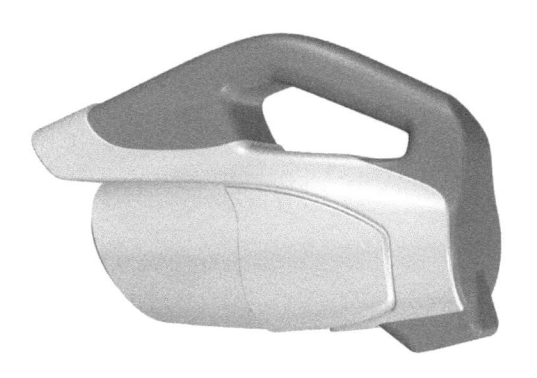

图4-2-86

㊴ 边框方块，绘制矩形调节形状拟合。如图4-2-87～图4-2-89所示。

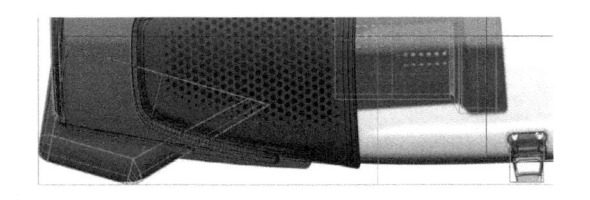

图4-2-87

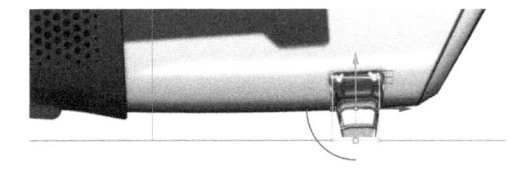

图4-2-88

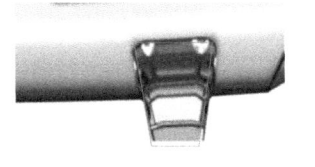

图4-2-89

㊵ 右视图旋转曲线，镜像，放样，加盖成实体。如图4-2-90～图4-2-92所示。

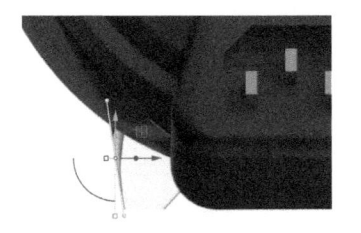

图4-2-90

图4-2-91

图4-2-92

㊶ 绘制矩形开启控制点，挤出并布尔运算差集。如图4-2-93～图4-2-96所示。

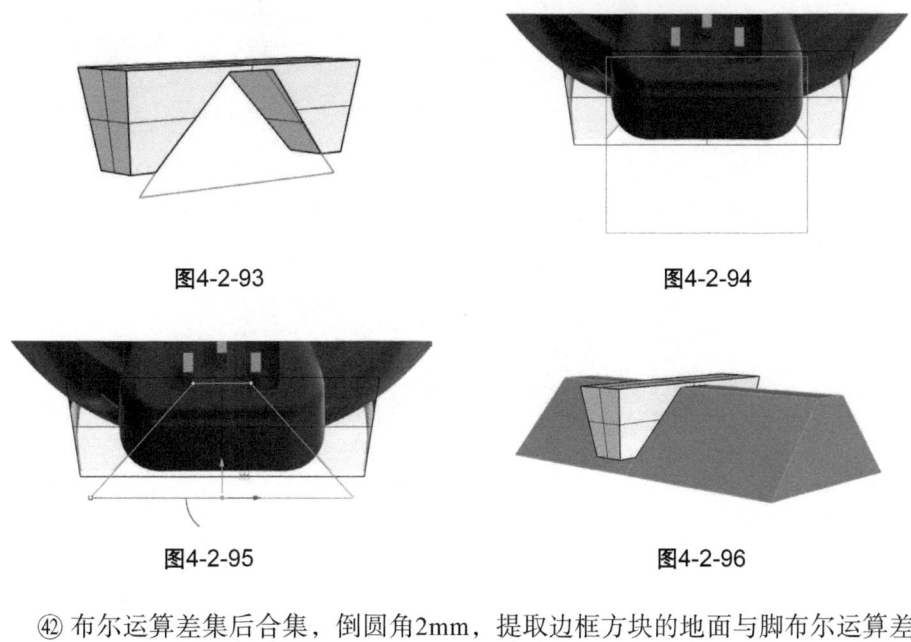

图4-2-93

图4-2-94

图4-2-95

图4-2-96

㊷ 布尔运算差集后合集，倒圆角2mm，提取边框方块的地面与脚布尔运算差集。如图4-2-97～图4-2-99所示。

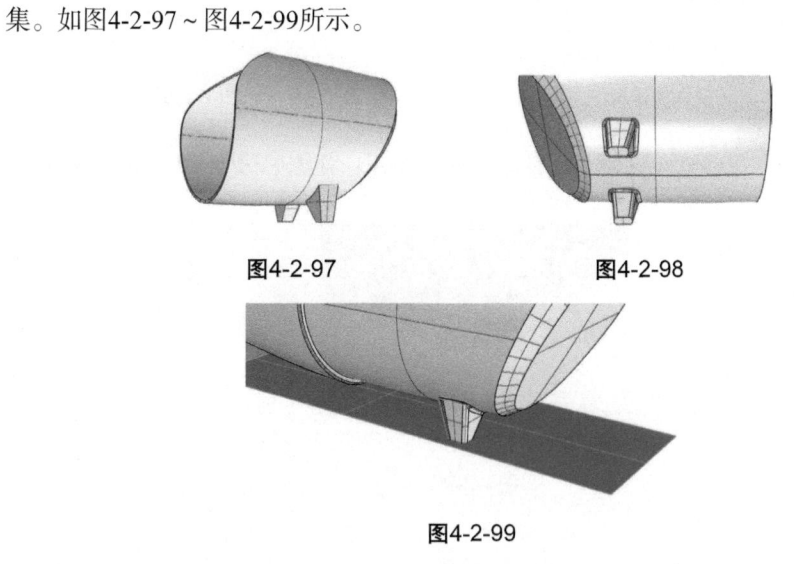

图4-2-97

图4-2-98

图4-2-99

㊸ 绘制插头，倒斜角5mm，如图4-2-100、图4-2-101所示。

图4-2-100　　　　　　　　　　　　　图4-2-101

㊹ 绘制三个插头片，挤出布尔运算，倒圆角2mm。如图4-2-102所示。

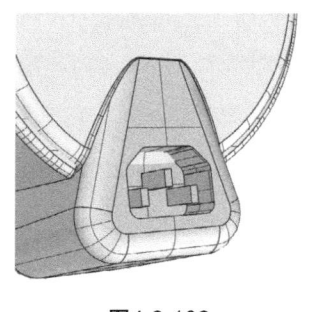 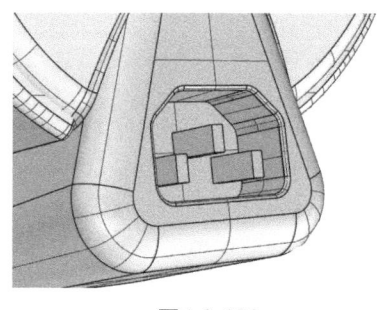

图4-2-102　　　　　　　　　　　　　图4-2-103

㊺ 倒圆角0.5mm。如图4-2-103所示。

㊻ 绘制曲线，挤出曲面，布尔运算分割，倒圆角0.3mm。如图4-2-104～图4-2-106所示。

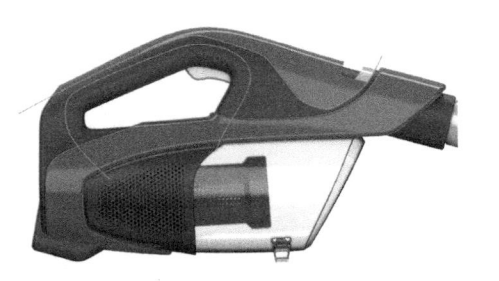

图4-2-104

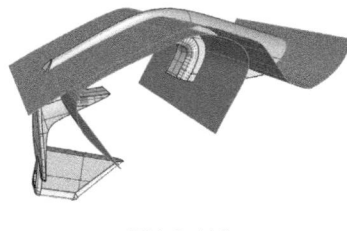 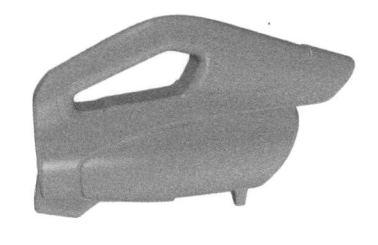

图4-2-105　　　　　　　　　　　　　图4-2-106

㊼ 绘制曲线并挤出，然后布尔运算分割（倒角1mm）。如图4-2-107～图4-2-111所示。

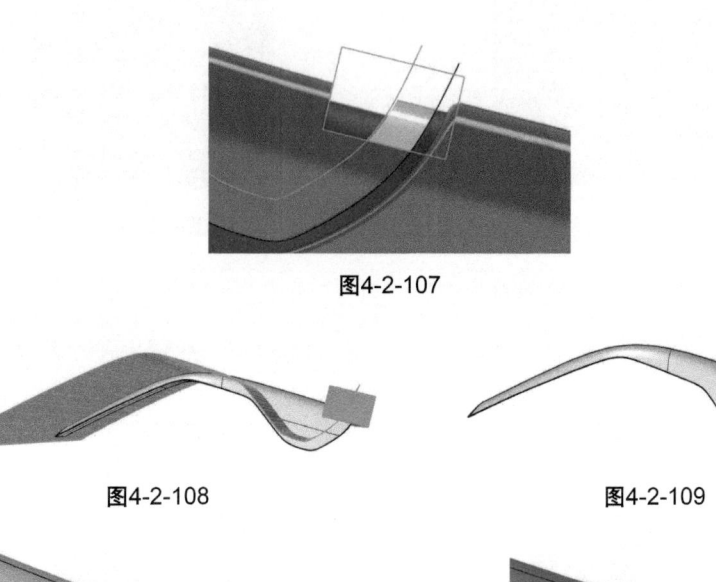

图4-2-107

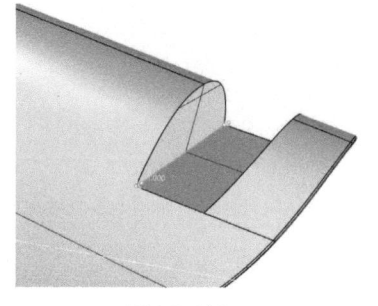

图4-2-108

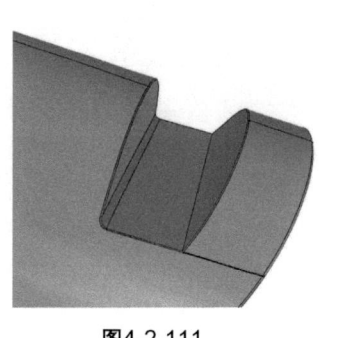

图4-2-109

图4-2-110

图4-2-111

㊽ 绘制圆管。偏移2mm实体。如图4-2-112所示。

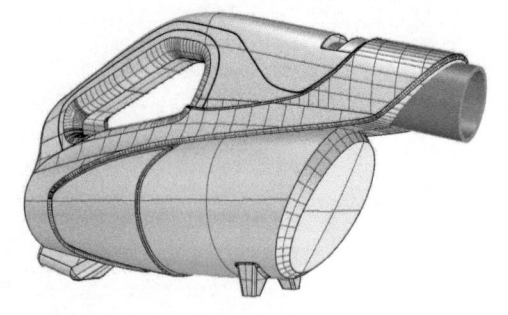

图4-2-112

㊾ 绘制吸尘头，提取结构线并延伸直线。如图4-2-113所示。

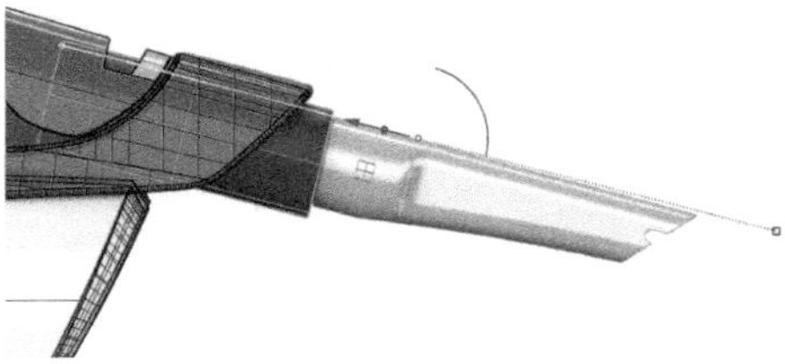

图4-2-113

㊿ 复制边缘。如图4-2-114所示。

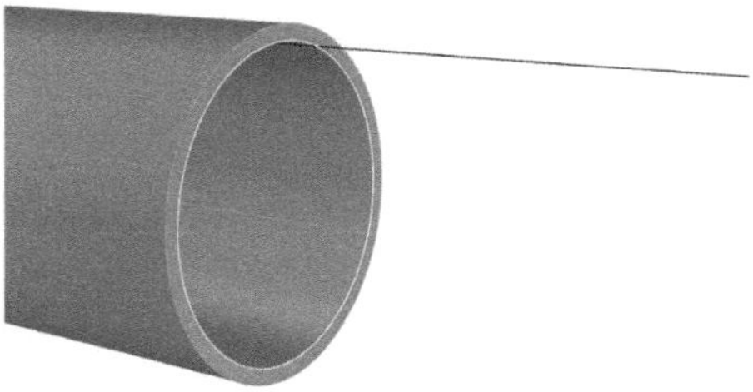

图4-2-114

(51) 修剪直线，重建3阶6点复制并调节成底部曲线。如图4-2-115 ~ 图4-2-118所示。

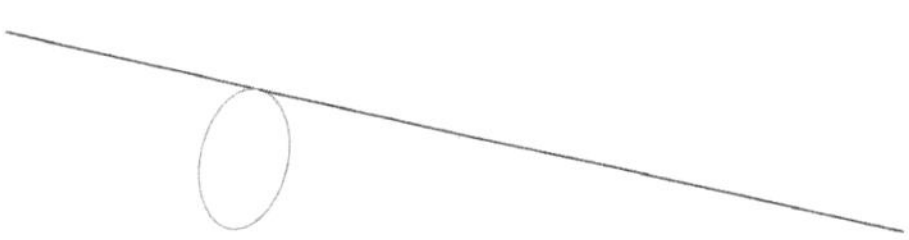

图4-2-115

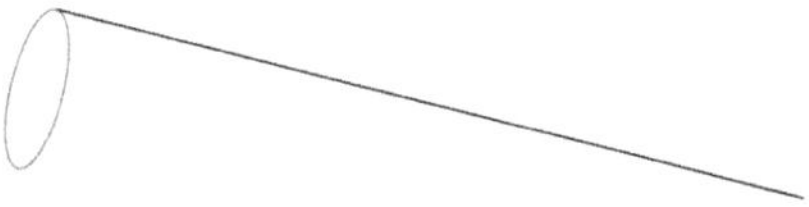

图4-2-116

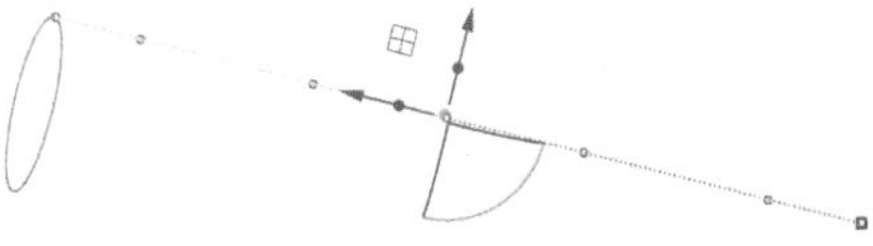

图4-2-117

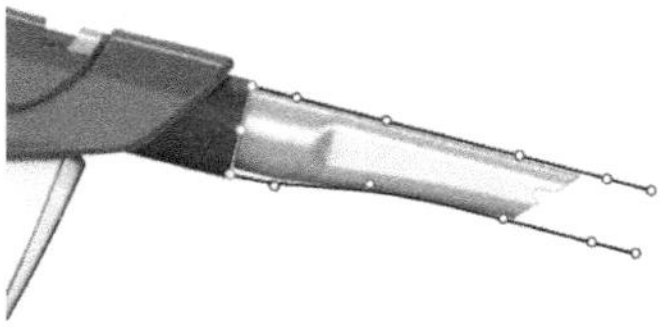

图4-2-118

(52) 选择截面圆与底部曲线三轴缩放，开启下部曲线控制点并调节拟合底图。如图4-2-119、图4-2-120所示。

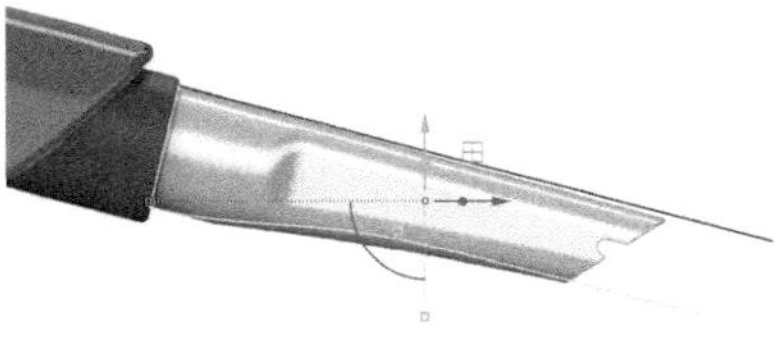

图4-2-119

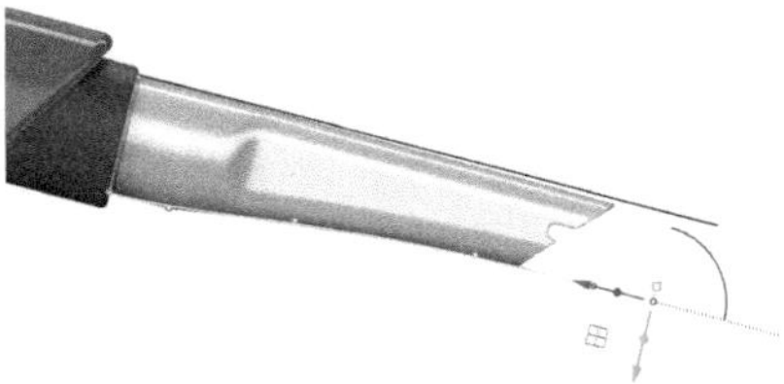

图4-2-120

㊼ 修剪曲线并双轨扫掠后镜像曲面。如图4-2-121、图4-2-122所示。

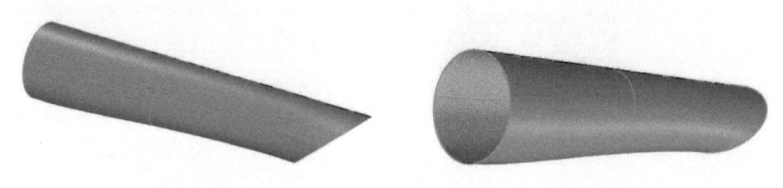

图4-2-121   图4-2-122

㊻ 炸开删除多余曲面，挤出，镜像组合为实体。如图4-2-123、图4-2-124所示。

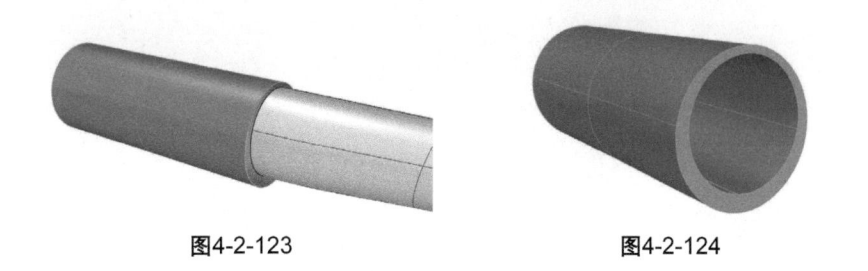

图4-2-123   图4-2-124

㊺ 提取结构线，参考顶视图调节位置，挤出曲面并延伸曲面。如图4-2-125~图4-2-127所示。

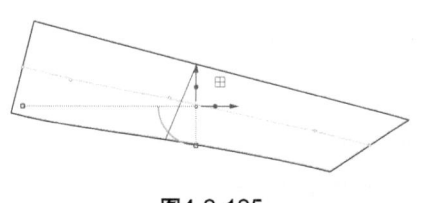

图4-2-125

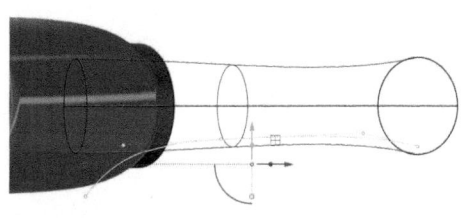

图4-2-126

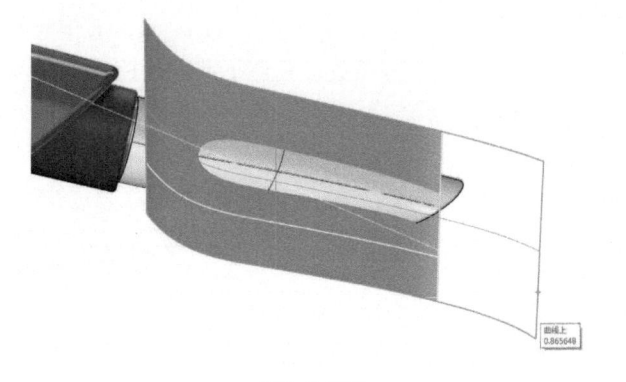

图4-2-127

㊶ 加盖以后吸尘器头部为实体，并与两曲面进行布尔差集运算。如图4-2-128、图4-2-129所示。

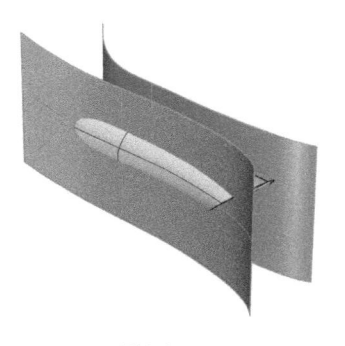 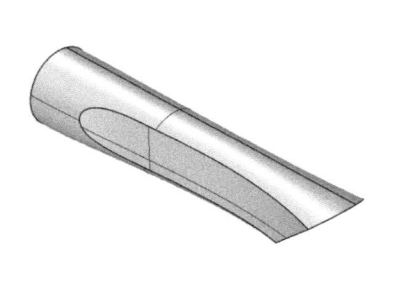

图4-2-128   图4-2-129

㊷ 倒圆角8mm。如图4-2-130、图4-2-131所示。

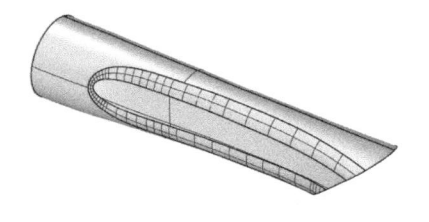 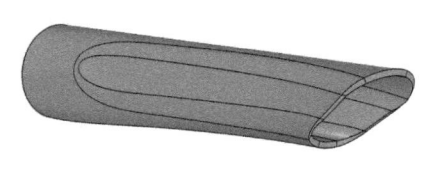

图4-2-130   图4-2-131

㊸ 炸开删掉两端盖子，组合后偏移曲面为2mm。如图4-2-132所示。

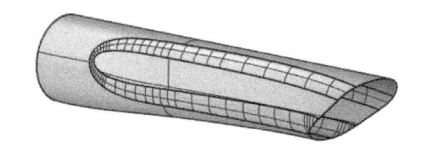

图4-2-132

㊹ 倒圆角0.5mm。如图4-2-133、图4-2-134所示。

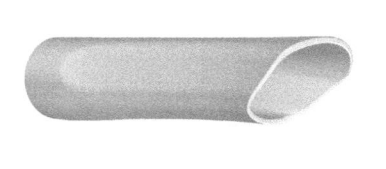 

图4-2-133   图4-2-134

139

⑥网孔制作。显示备份曲线，修剪后偏移10mm。如图4-2-135～图4-2-137所示。

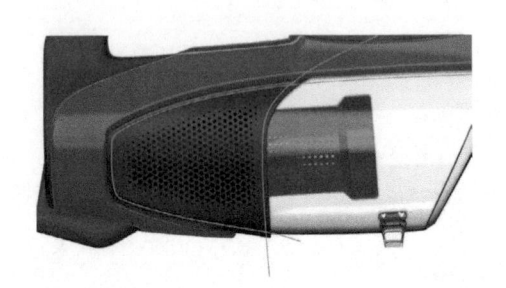

图4-2-135

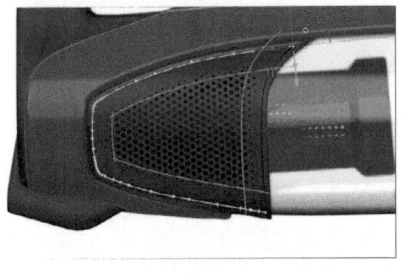

图4-2-136

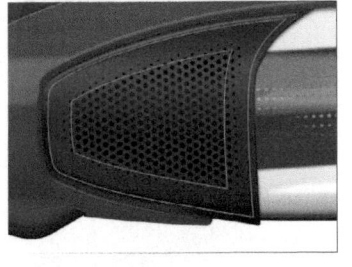

图4-2-137

⑥打开编写好的Grasshopper文件（可以加建模渲染一点通群获取）。如图4-2-138所示。

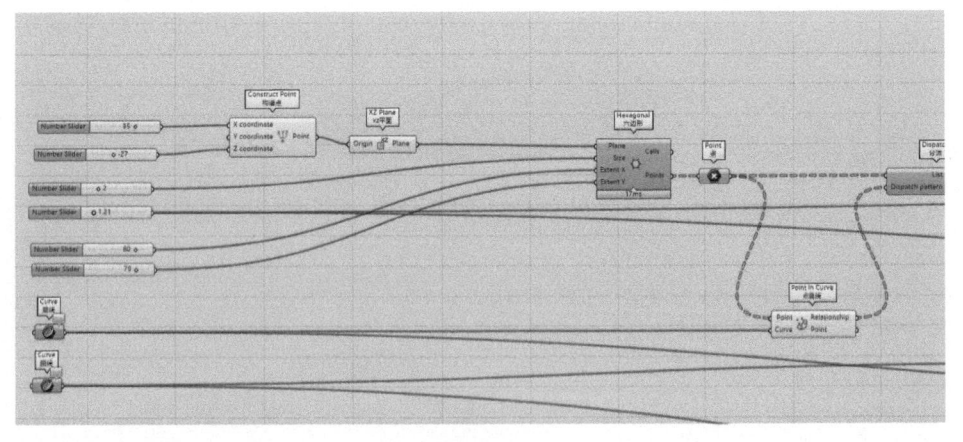

图4-2-138

⑥拾取两条封闭曲线（曲线用3阶）烘焙出来，挤出实体，布尔运算差集。如图4-2-139～图4-2-142所示。

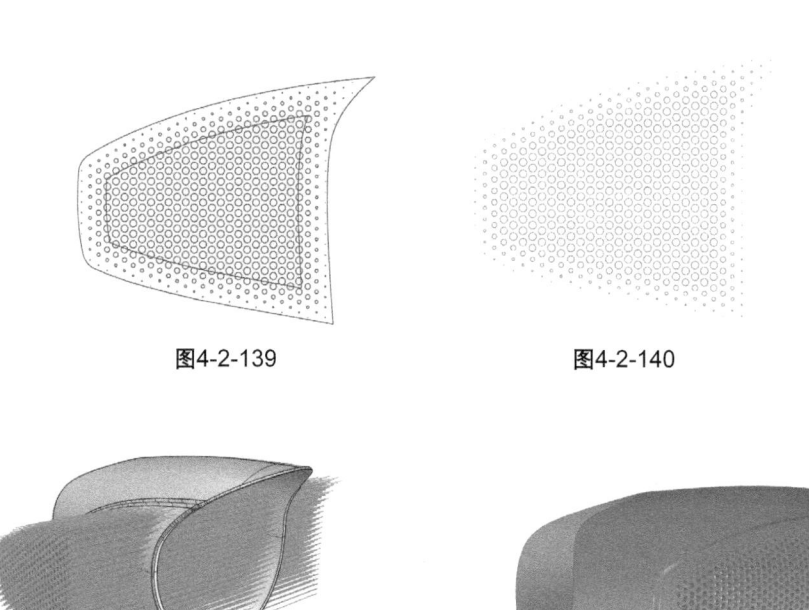

图4-2-139 图4-2-140

图4-2-141 图4-2-142

○63 过滤孔制作。绘制曲面向内偏移3mm，Grasshopper拾取曲面，烘焙。如图4-2-143～图4-2-147所示。

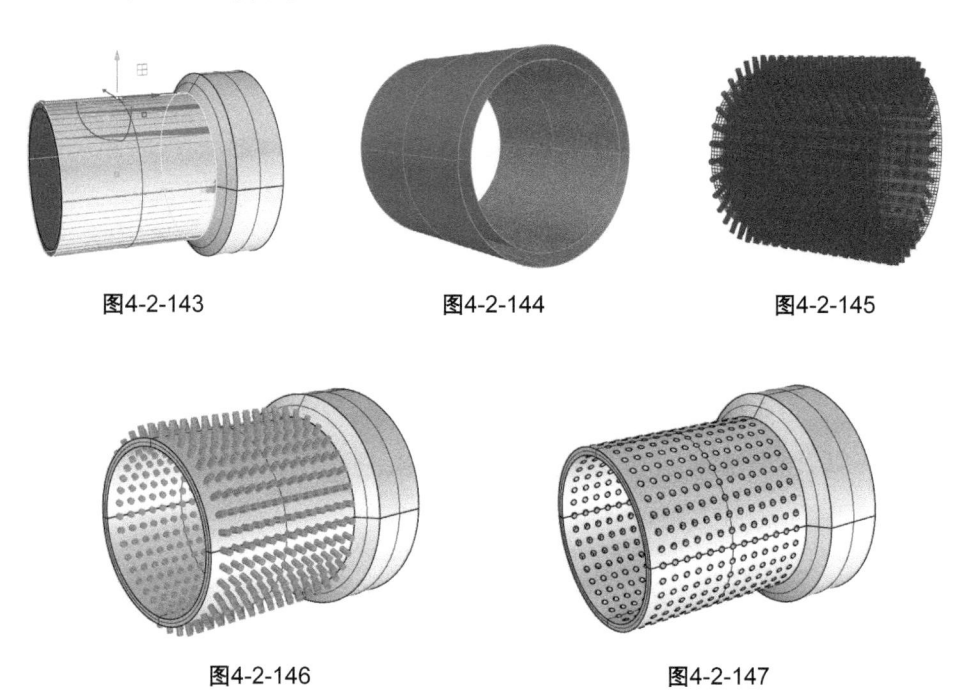

图4-2-143 图4-2-144 图4-2-145

图4-2-146 图4-2-147

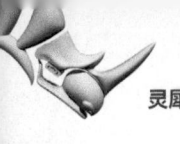

(64) 模型制作完成，划分图层。如图4-2-148所示。

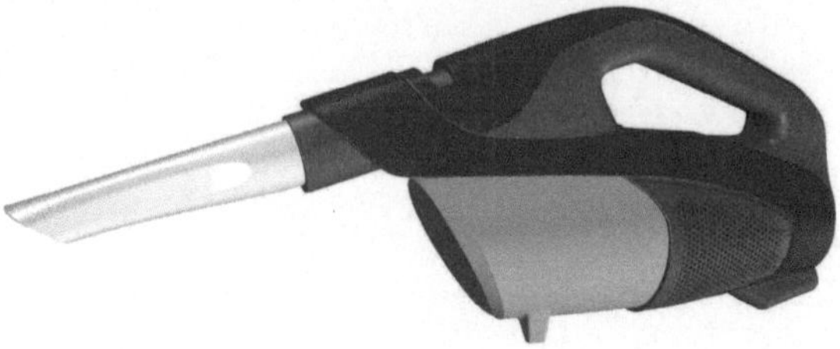

图4-2-148

(65) 渲染一下吧！如图4-2-149所示。

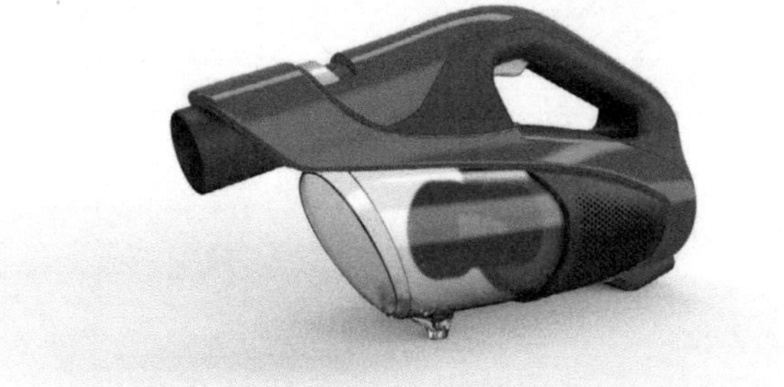

图4-2-149

4.2.3 小结

手持吸尘器的建模步骤较多，但万变不离其宗，将吸尘器看作一个整体分析各个大块。通过本节的学习，大家首次接触了Grasshopper参数化建模，这节从一个相对简单的内容入手，对参数化建模有一个尝试，在下面的章节中老师会带大家学习参数化建模的进阶案例，让大家充分掌握知识点。

4.3 Grasshopper参数化纹理原生与寄生研究篇

4.3.1 建模步骤

① 参数化网孔曲线干扰渐变。如图4-3-1所示。

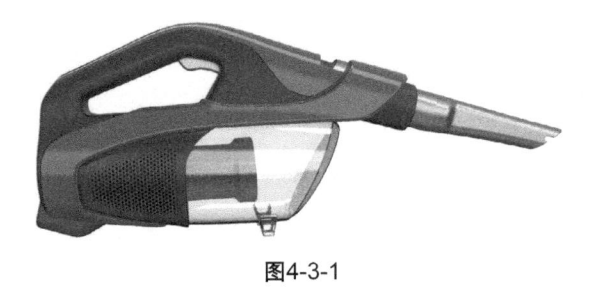

图4-3-1

② 参数化纹理。如图4-3-2所示。

图4-3-2

③ 传统网孔制作阵列（矩形阵列、环形阵列……）。如图4-3-3所示。

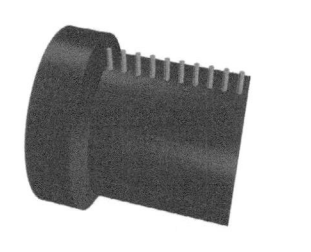

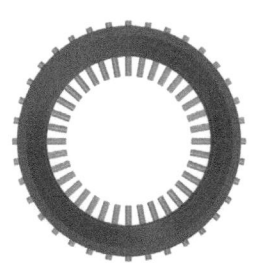

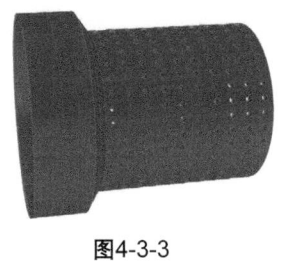

图4-3-3

④ Grasshopper制作过滤孔。按照犀牛的思路，需要布尔运算，需要大量的圆柱体、圆柱环形阵列。如图4-3-4所示。

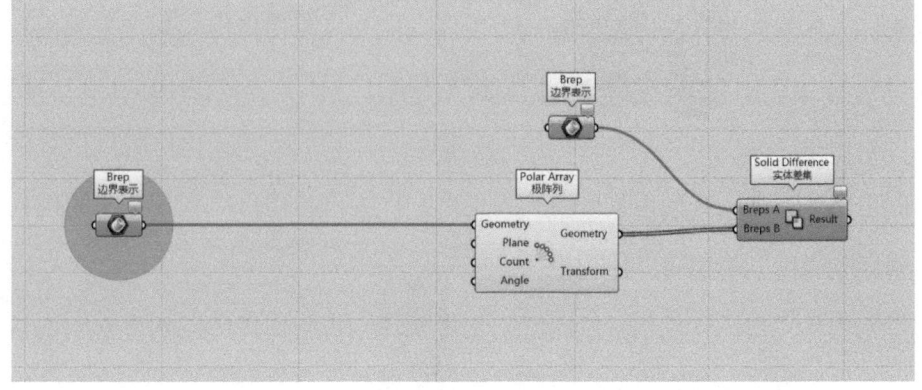

图4-3-4

⑤ 圆柱体制作。如图4-3-5所示。

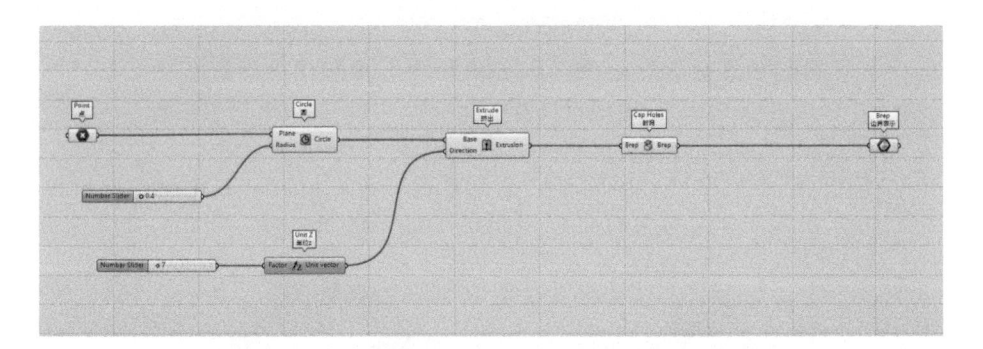

图4-3-5

⑥ 直线阵列。如图4-3-6所示。

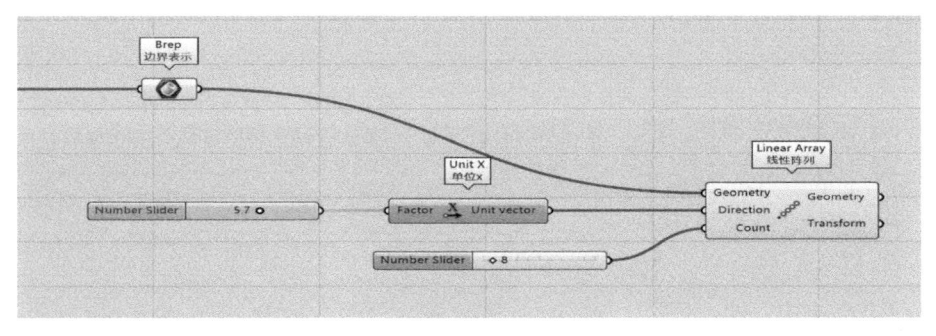

图4-3-6

⑦ 环形阵列。如图4-3-7所示。

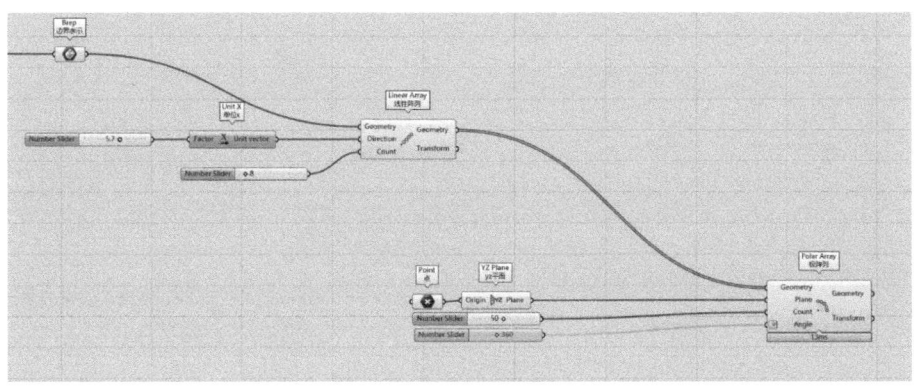

图4-3-7

⑧ 布尔运算差集。如图4-3-8所示。

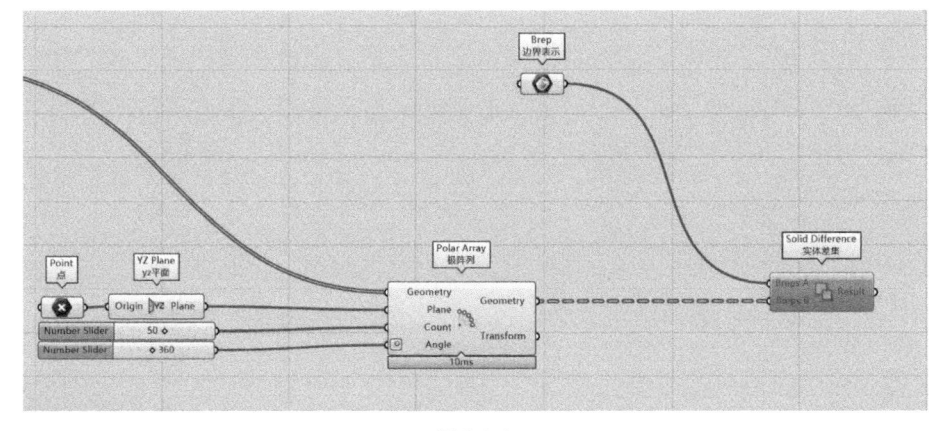

图4-3-8

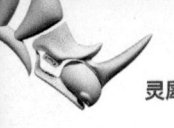

⑨ 烘焙并不成功（因为数据是被分组的，所以需要数据拍平下降维打击）。如图4-3-9所示。

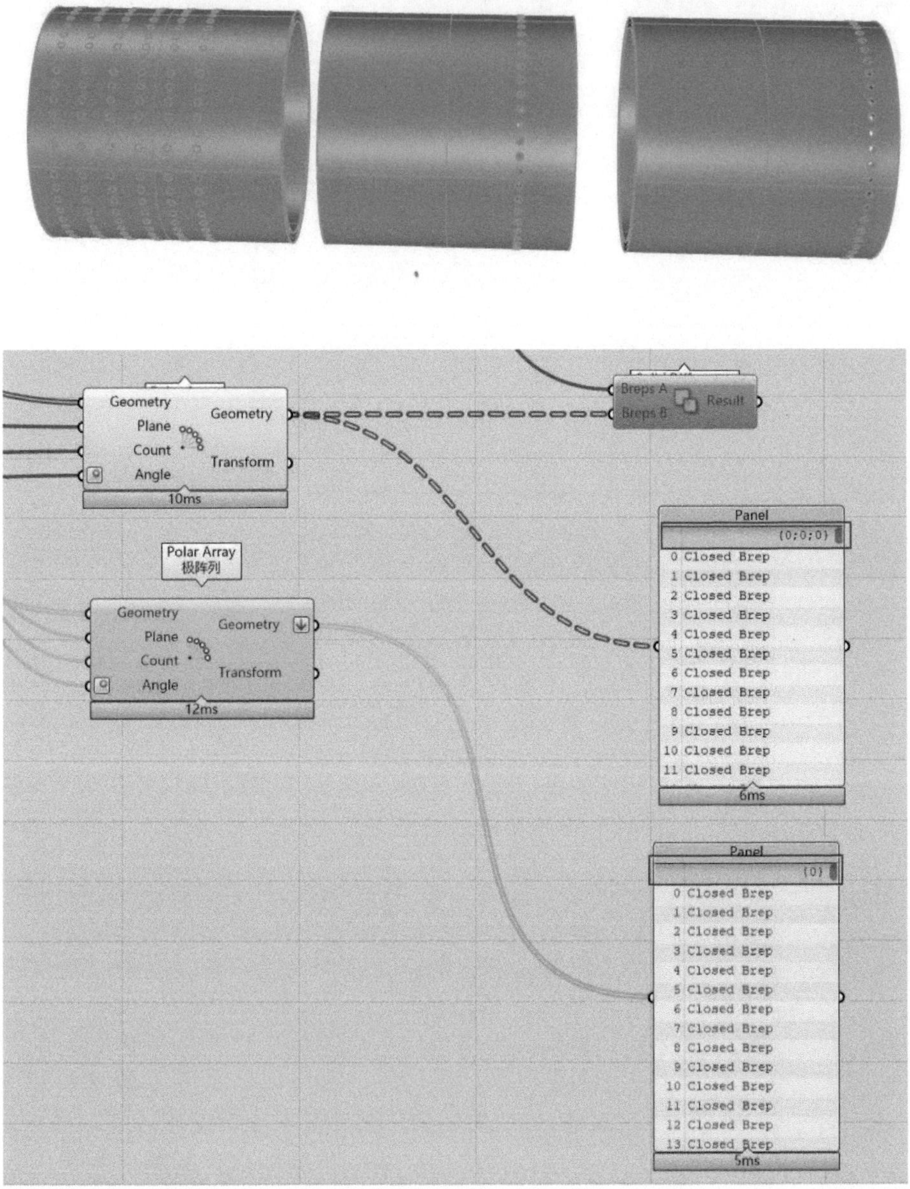

图4-3-9

⑩ 拍平后再次烘焙。如图4-3-10所示。

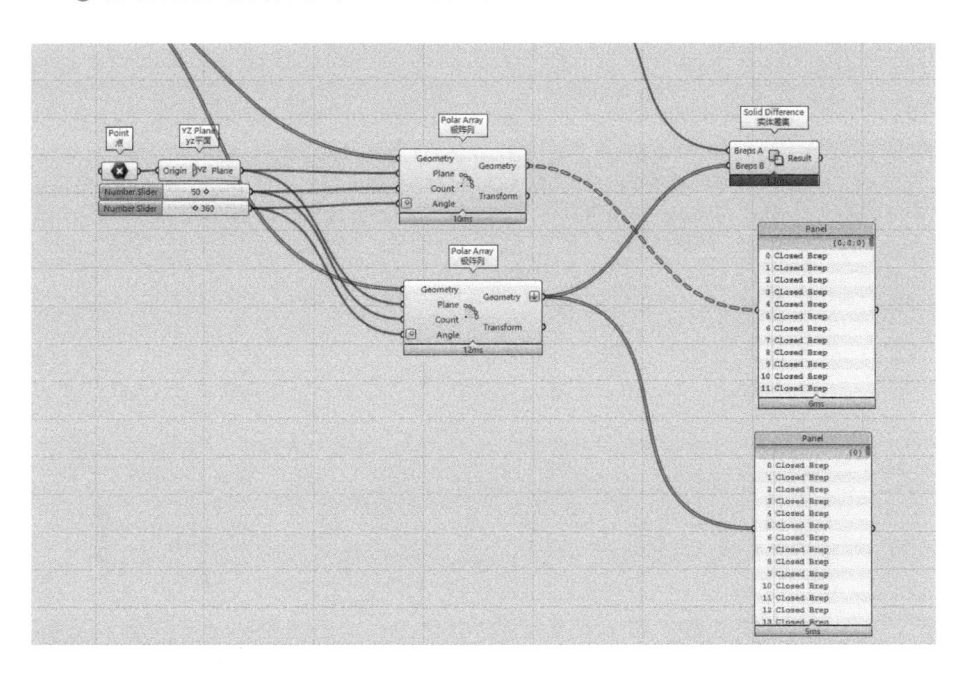

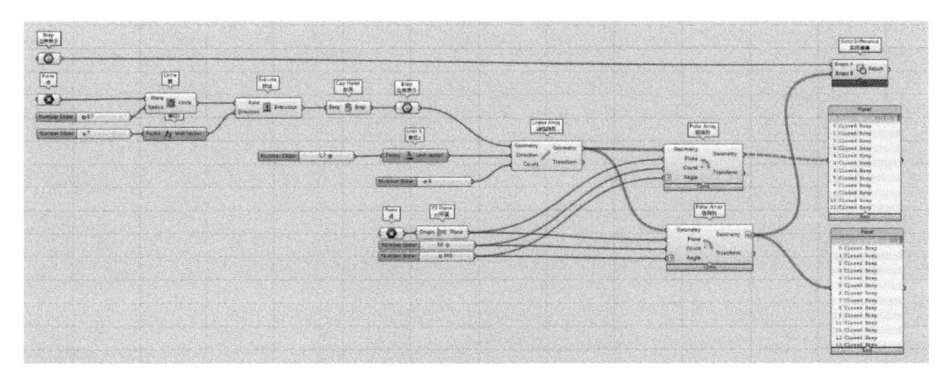

图4-3-10

⑪ 换种思路由点变换。如图4-3-11所示。

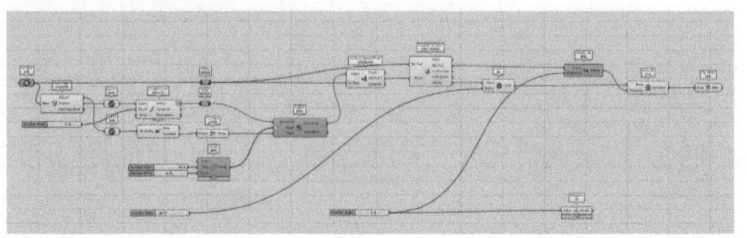

图4-3-11

⑫ 两种逻辑思路对比。如图4-3-12所示。

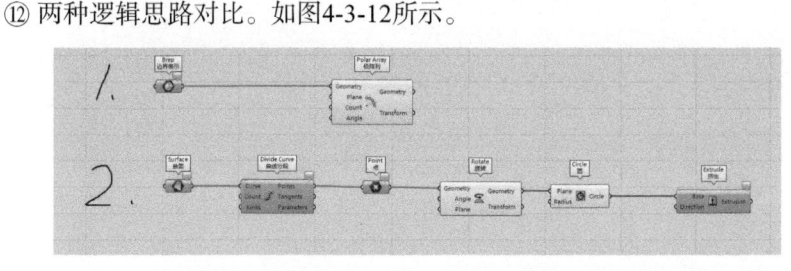

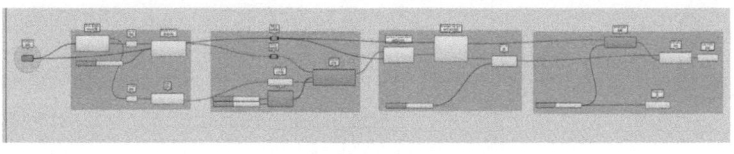

图4-3-12

⑬ 提取边缘。如图4-3-13所示。

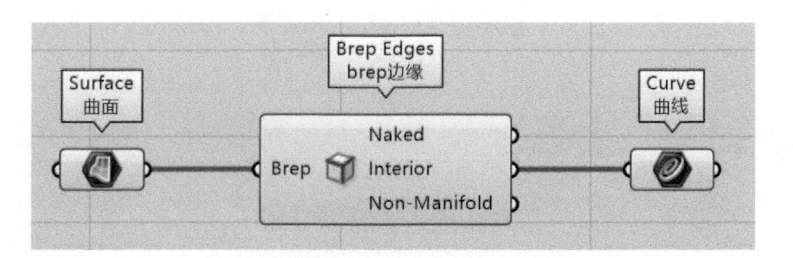

图4-3-13

⑭ 曲线分段。如图4-3-14所示。

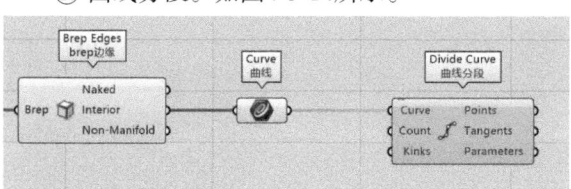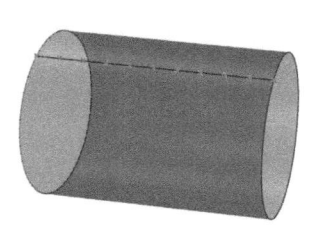

图4-3-14

⑮ 旋转点，旋转命令需要角度和平面。如图4-3-15所示。

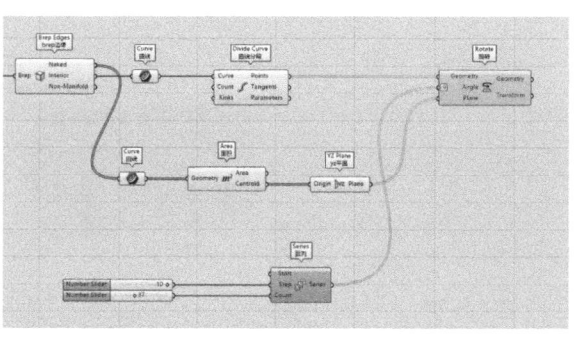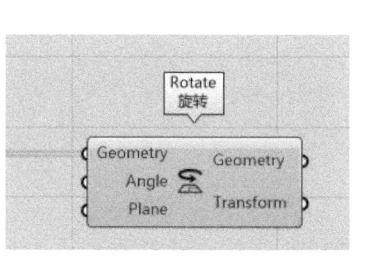

图4-3-15

⑯ 需要注意升组Graft↑。如图4-3-16所示。

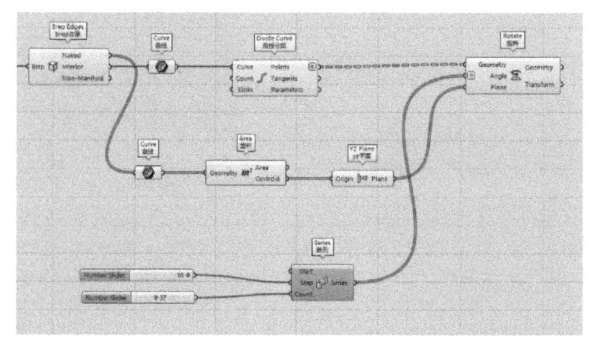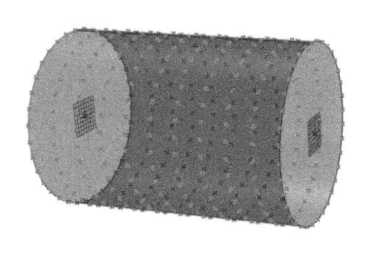

图4-3-16

⑰ 生成圆（法向圆）。如图4-3-17所示。

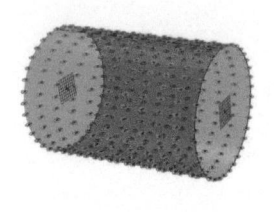

图4-3-17

⑱ 求出曲面上的点，并分析曲面法向作为圆的平面。如图4-3-18所示。

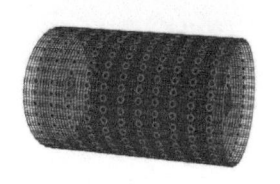

图4-3-18

⑲ 沿着曲面法向挤出圆柱曲面。如图4-3-19所示。

图4-3-19

⑳ 两端加盖，烘焙下。如图4-3-20所示。

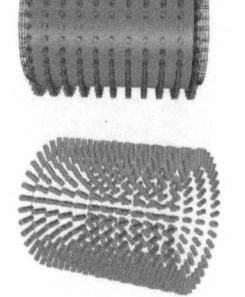

图4-3-20

㉑ 设置旋转角度与数量。如图4-3-21所示。

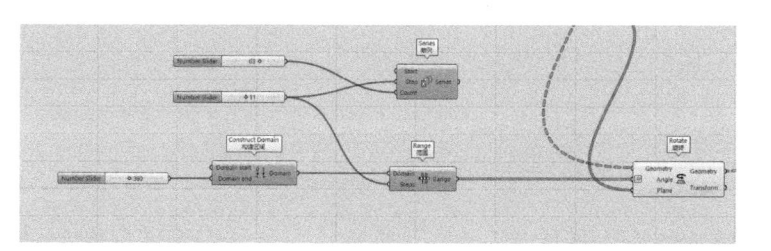

图4-3-21

㉒ 渐变干扰孔制作。如图4-3-22所示。

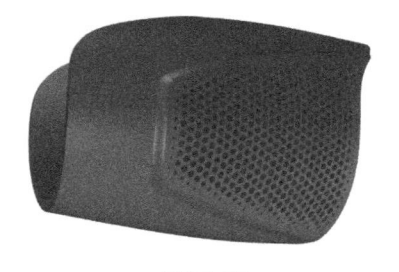

图4-3-22

㉓ 分析过程。如图4-3-23所示。

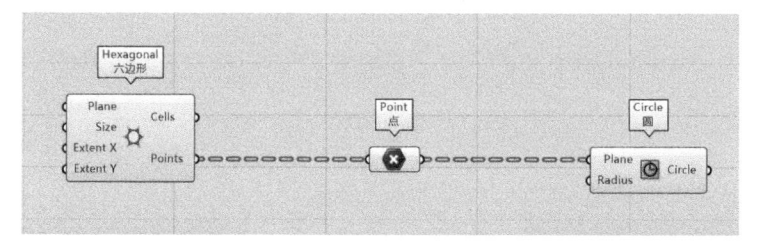

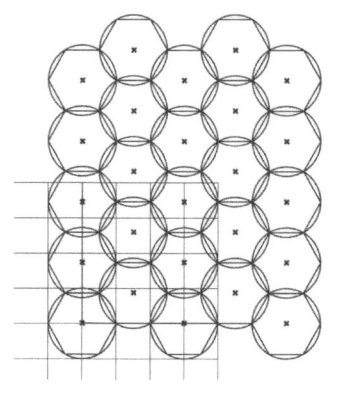

图4-3-23

㉔ 曲线干扰，挑选点。如图4-3-24所示。

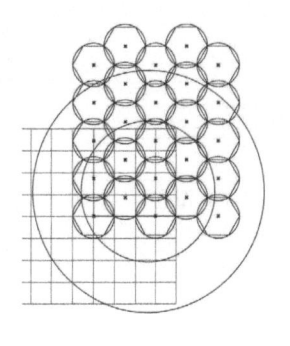

图4-3-24

㉕ 挑选圈内点。如图4-3-25所示。

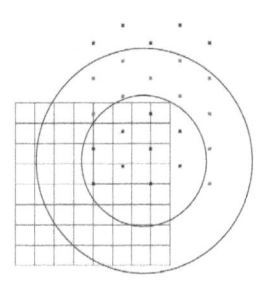

图4-3-25

㉖ 挑选两条曲线之间的点。如图4-3-26所示。

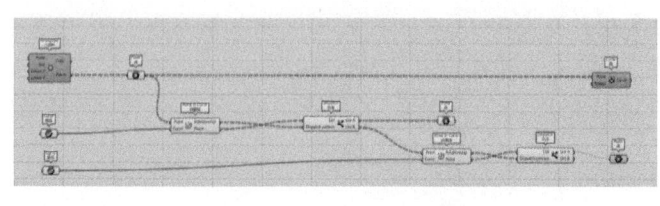
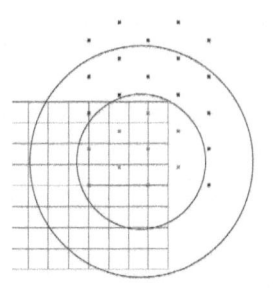

图4-3-26

㉗ 中间的点生成圆。如图4-3-27所示。

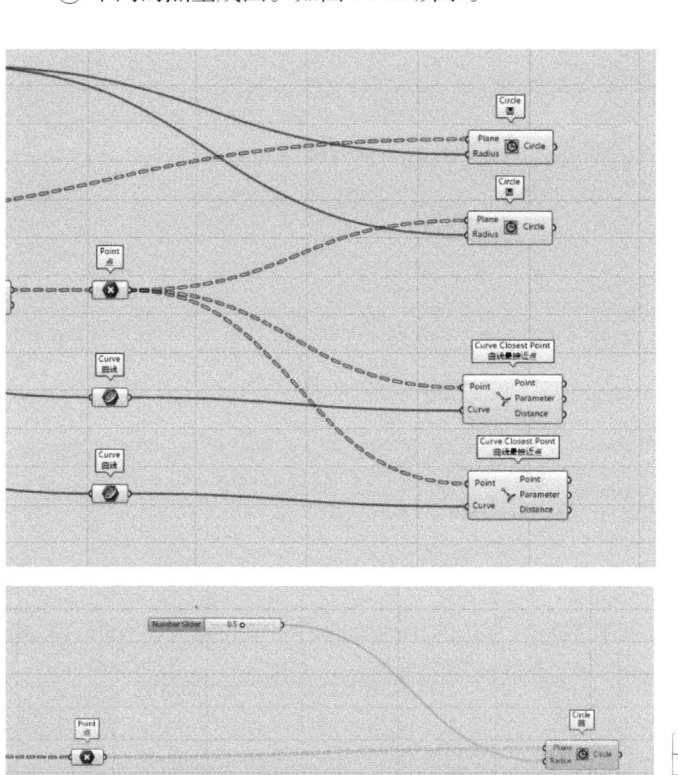

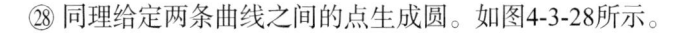

图4-3-27

㉘ 同理给定两条曲线之间的点生成圆。如图4-3-28所示。

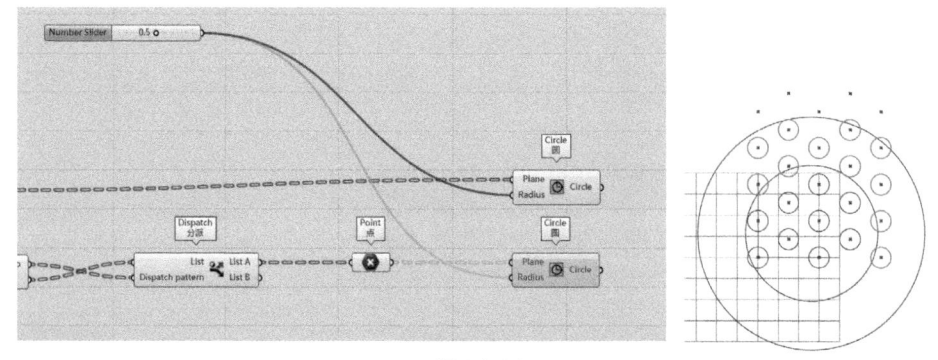

图4-3-28

㉙ 中间的圆大小渐变与曲线之间的距离有关（点与线之间的距离）。如图4-3-29所示。

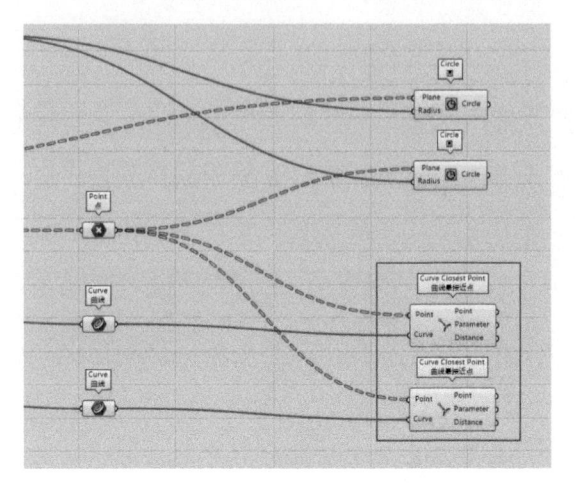

图4-3-29

㉚ 点与大圆、小圆之间的距离之和是两条曲线圆的距离，点的位置可以看成是距离其中一条曲线与距离另一条曲线之间的百分比。如图4-3-30所示。

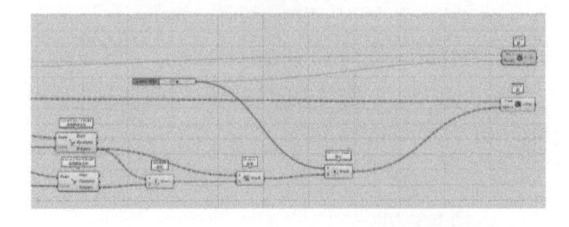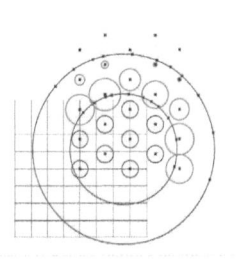

图4-3-30

㉛ 这些两条曲线之间的圆是内部圆的百分之几（内部圆可以看作为1，两条线之间的圆可以看成是1的百分之几，所以会呈现出大小渐变的圆）。如图4-3-31所示。

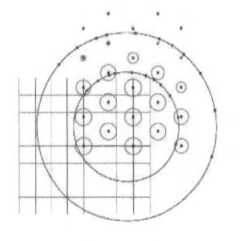

图4-3-31

154

㉜ 增减点的数量与工作平面（zx平面）。如图4-3-32所示。

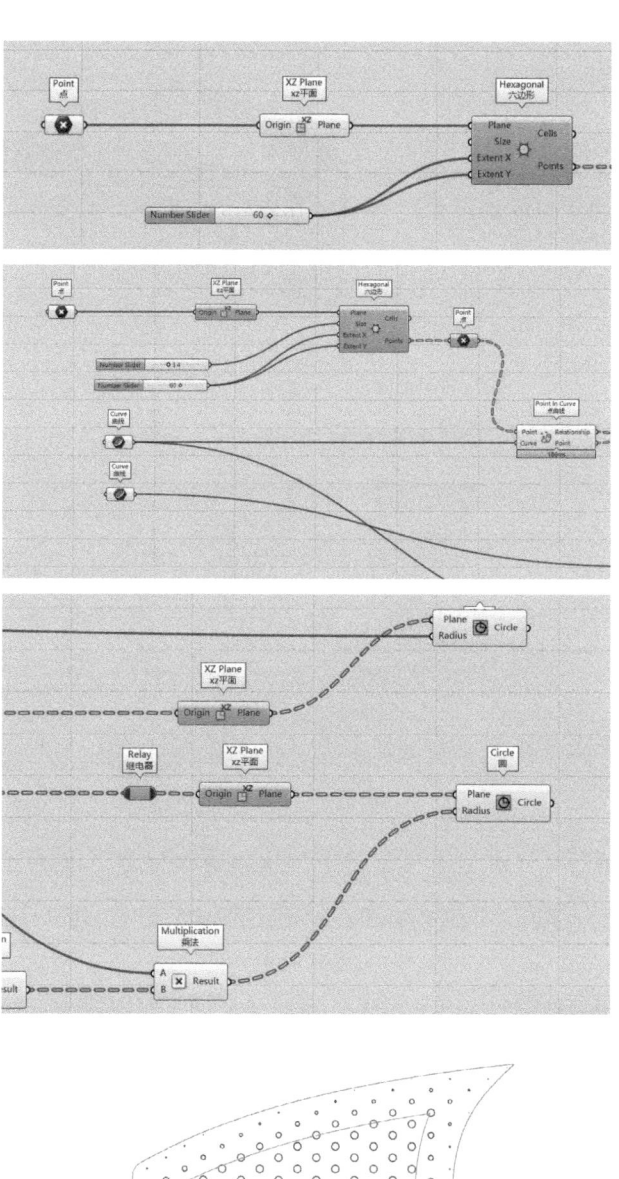

图4-3-32

㉝ 烘焙并挤出实体。如图4-3-33所示。

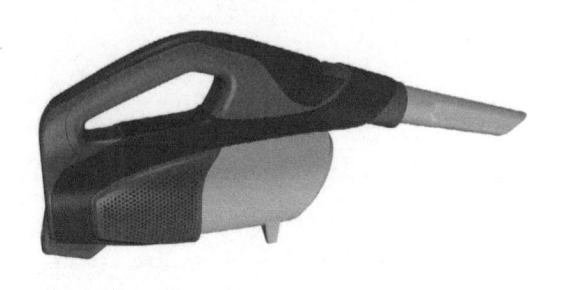

图4-3-33

㉞ Grasshopper纹理。如图4-3-34所示。

图4-3-34

㉟ 传统做法，沿着曲面流动，做一个直径100、高60的圆柱，生成UV曲线。如图4-3-35所示。

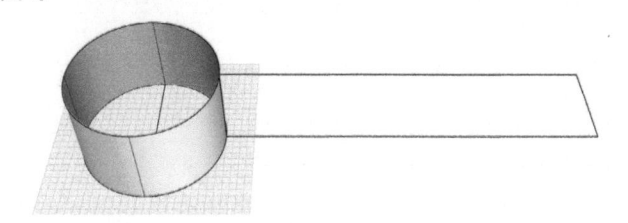

图4-3-35

㊱ 流动的要点就是制作无缝拼接，无缝拼接的一种最简单的方式就是矩形可以将单体转换成矩形拼接矩阵。如图4-3-36、图4-3-37所示。

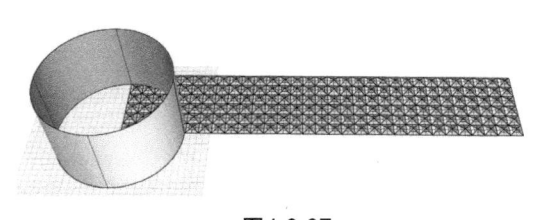

图4-3-36   图4-3-37

㊲ 将阵列物体流动到曲面上。如图4-3-38所示。

㊳ 点画圆，挤出曲面，布尔运算。如图4-3-39所示。

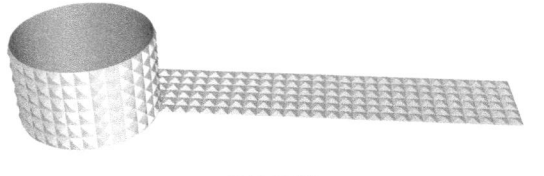 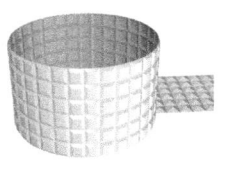

图4-3-38   图4-3-39

㊴ 另一种方式。如图4-3-40所示。

 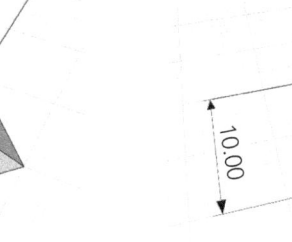 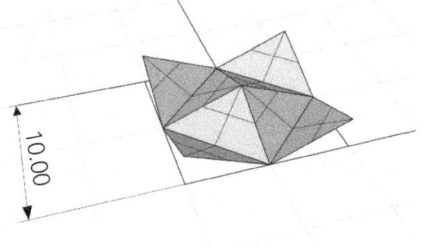

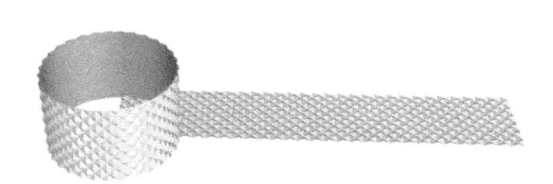

图4-3-40

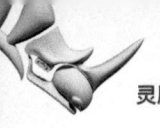

⑩ Grasshopper参数化制作。如图4-3-41所示。

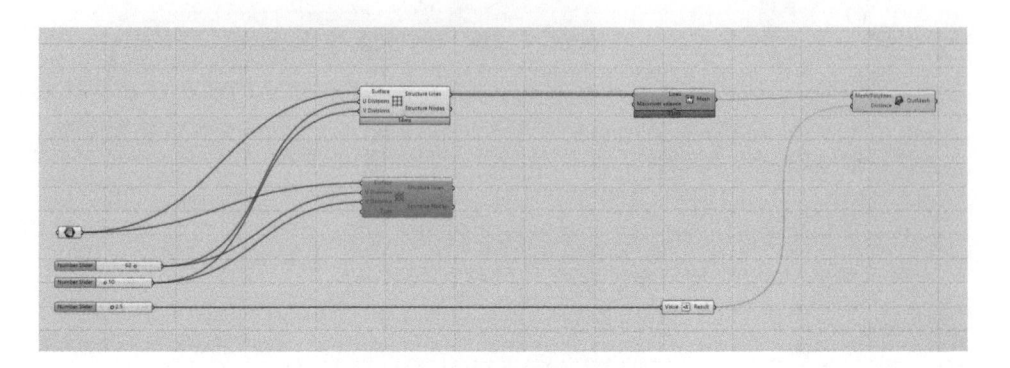

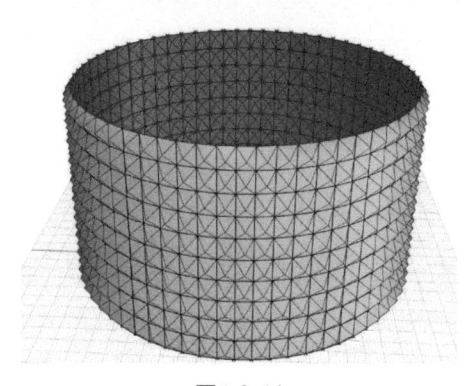

图4-3-41

⑪ 网格转换成多重曲面。如图4-3-42所示。

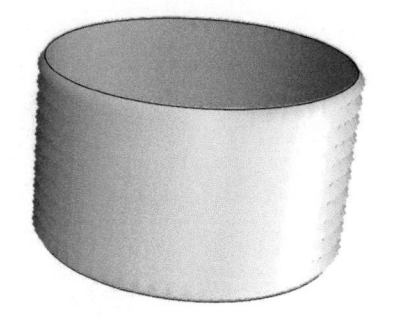

图4-3-42

㊷ 程序分解，曲面重构格子（细分）。如图4-3-43所示。

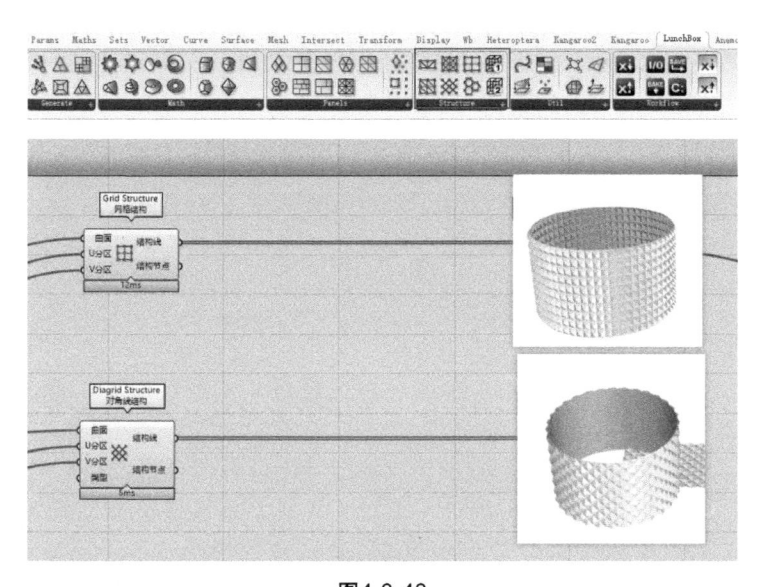

图4-3-43

㊸ 织巢鸟（闭合轮廓升起高度）。如图4-3-44所示。

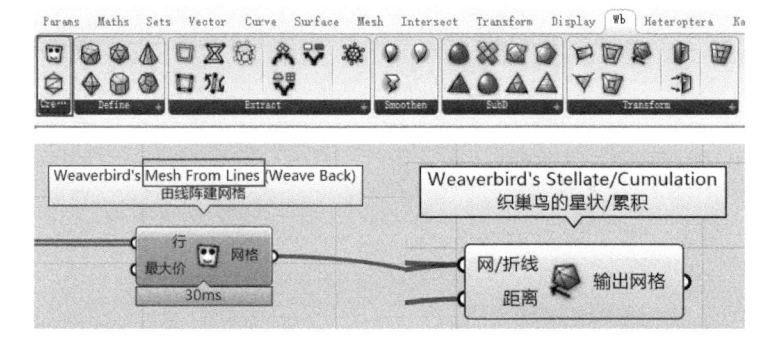

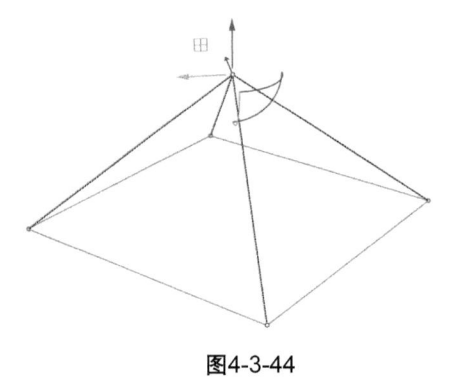

图4-3-44

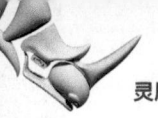

㊹ 实战。如图4-3-45所示。

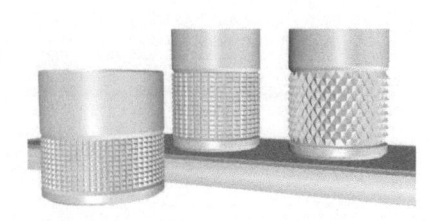

图4-3-45

㊺ 曲面流动的思路。如图4-3-46所示。

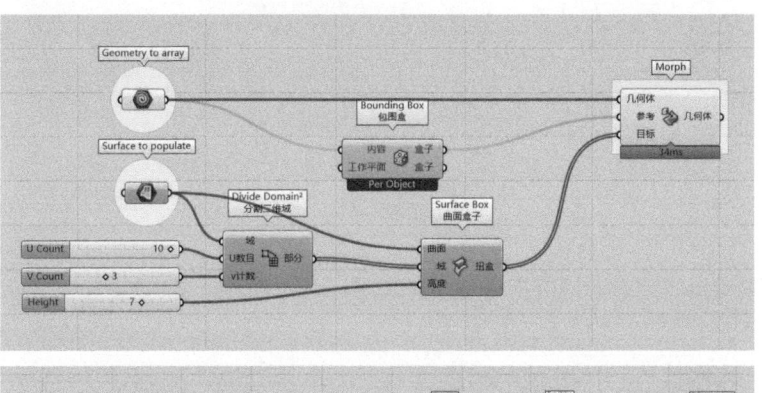

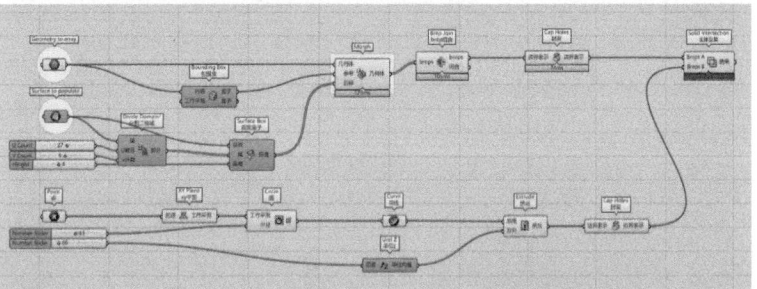

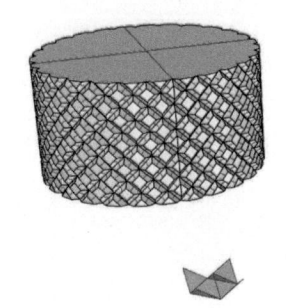

图4-3-46

4.3.2 小结

通过本章节的练习应熟练掌握Grasshopper插件中的网孔曲线阵列模式，通过犀牛布尔运算制作出想要的纹理图案。另外，在掌握犀牛中基础的曲面流动作图前提下，利用Grasshopper插件重建格点达到目标效果。

4.4 参数化榨汁机纹理建模

4.4.1 建模思路

产品直观看上去是旋转体/车削体，即按照我们的建模思路要将其旋转中心轴放置与通过原点的z轴重合（即底部中点在原点上），该物体大致分为两大部分：上部与下部。上部纹理部分可以用Grasshopper来做；下部是圆柱挤出体。如图4-4-1所示。

图4-4-1

4.4.2 建模步骤

① 将底图放置到Rhino的Front视图，缩放到高度250mm，将缩放好的参考图放置到新建底图图层并锁定（由于平时我们建模时很难找到一个正交视图的参考图，有时不得不考虑用带有些许透视的参考底图，这时要注意我们放置的关键点位置，

灵犀 Rhino＋Grasshopper建模实战揭秘

如图4-4-2所示为不准确的放置方式，图4-4-3是我们根据模型特点采用最宽处相切的参考模式放置的，这样做出的模型更接近实物大小）。

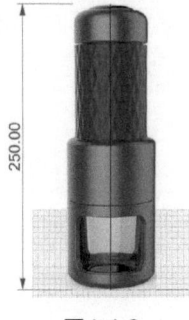

图4-4-2

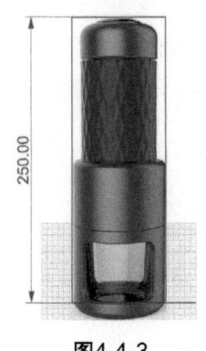

图4-4-3

② 以工作平面垂直、直径画圆命令绘制两个圆。如图4-4-4所示，得到图4-4-5。

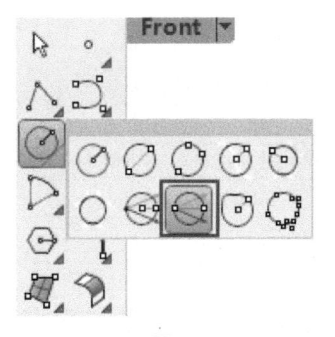

图4-4-4

图4-4-5

③ 参考底图挤出圆柱体。如图4-4-6所示，得到图4-4-7。

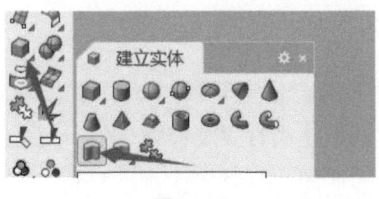

图4-4-6

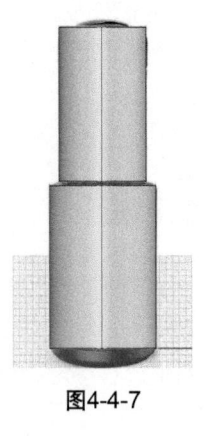

图4-4-7

④ 在实体工具中找到边缘斜角，倒斜角5mm。如图4-4-8所示，得到图4-4-9。

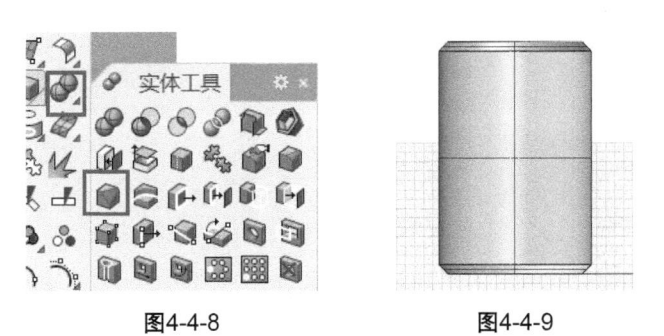

图4-4-8　　　　　　　　　　　图4-4-9

⑤ 在实体工具中找到边缘圆角，倒圆角3mm。如图4-4-10所示，得到图4-4-11。

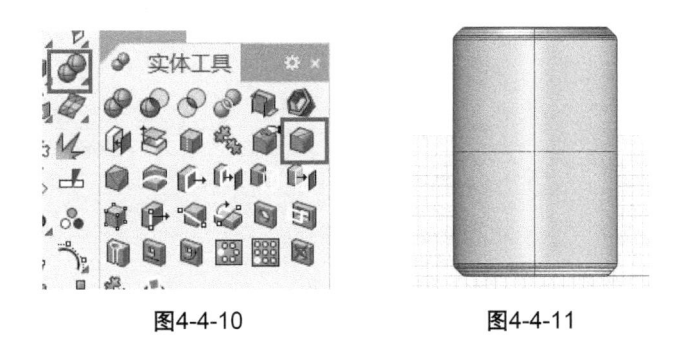

图4-4-10　　　　　　　　　　　图4-4-11

⑥ 绘制直线并挤出平面，对主体进行布尔运算分割。如图4-4-12所示，得到图4-4-13、图4-4-14。

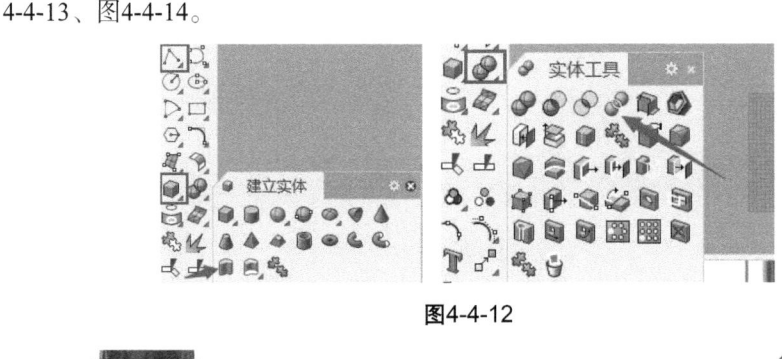

图4-4-12

图4-4-13 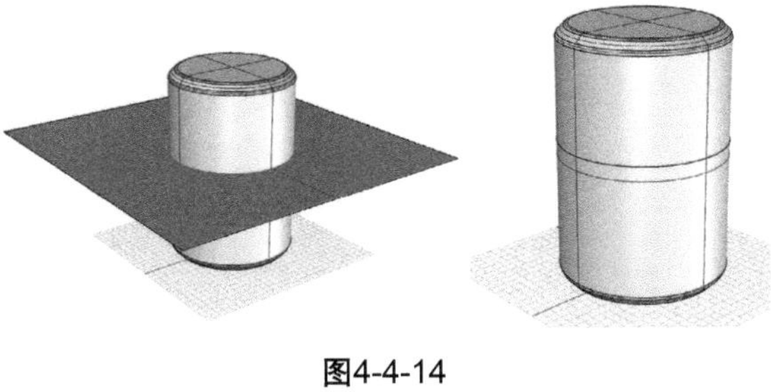　　　　　　　　　　　图4-4-14

⑦ 炸开下部实体，删除顶部。如图4-4-15所示，得到图4-4-16。

图4-4-15

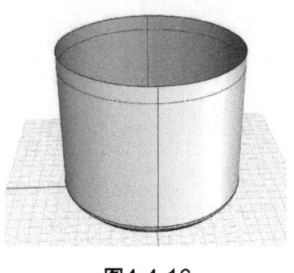

图4-4-16

⑧ 利用曲线工具绘制圆角矩形（对齐到曲面中间位置），选取绘制的圆角矩形修剪曲面。如图4-4-17所示，得到图4-4-18。

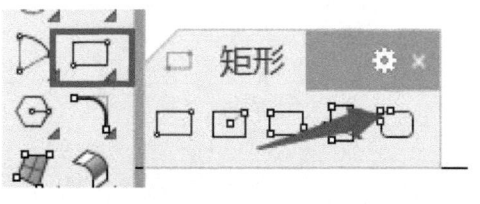

图4-4-17

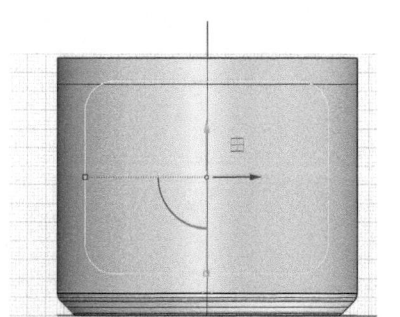

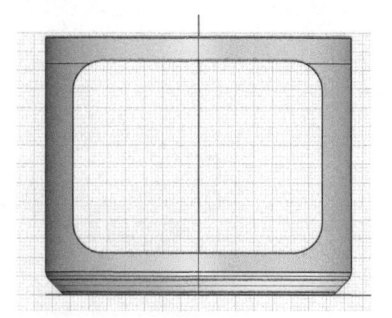

图4-4-18

⑨ 选择曲面工具点击偏离曲面，曲面向内偏移3mm。如图4-4-19所示，得到图4-4-20。

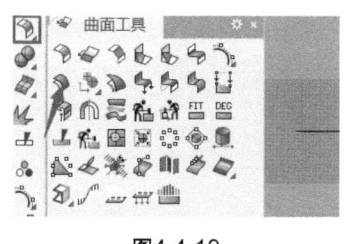

图4-4-19

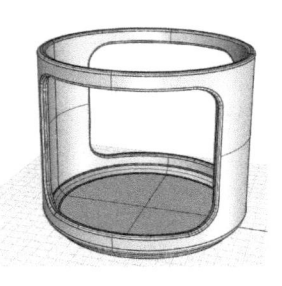

图4-4-20

⑩ 选择实体工具—边缘圆角，框选需要倒角的范围，倒圆角1mm。如图4-4-21所示，得到图4-4-22。

图4-4-21

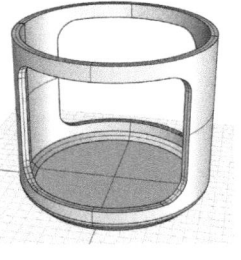

图4-4-22

⑪ 选择上面部分实体的底面，在实体工具中选择封闭的多重曲面薄壳进行抽壳3mm。如图4-4-23所示，得到图4-4-24。

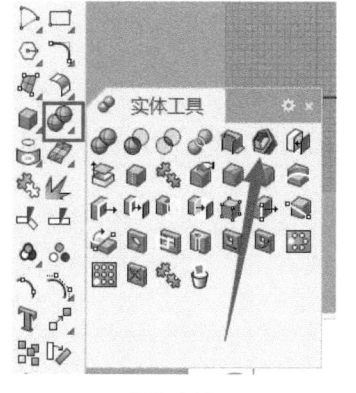

图4-4-23

图4-4-24

⑫ 选择实体工具—边缘圆角，倒圆角1mm。如图4-4-25所示。

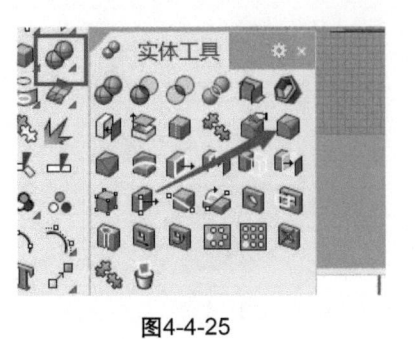

图4-4-25

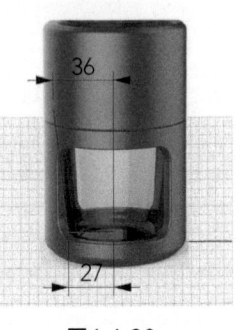

图4-4-26

⑬ 绘制曲线。如图4-4-26所示。

⑭ 选择曲线工具—曲线圆角，输入半径8mm，依次点击需要倒圆角的曲线，倒圆角半径8mm。如图4-4-27所示，得到图4-4-28。

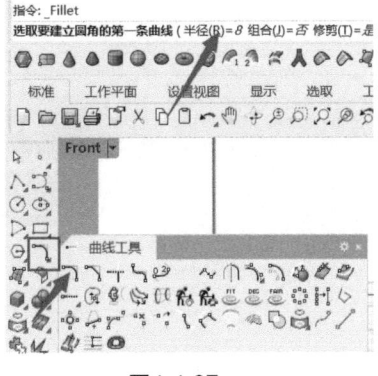

图4-4-27

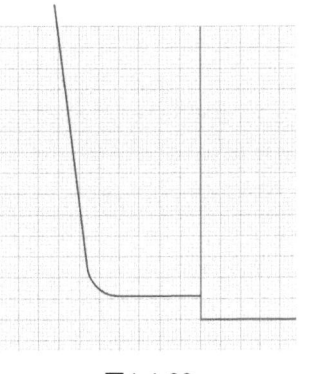

图4-4-28

⑮ 选择曲线工具中偏移曲线，偏移3mm。如图4-4-29所示，得到图4-4-30。

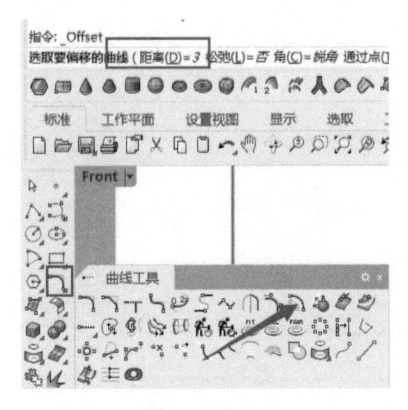

图4-4-29

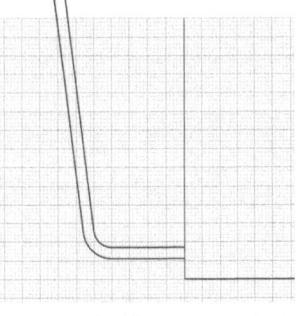

图4-4-30

⑯ 连接两条曲线顶端，并将曲线组合。如图4-4-31所示。

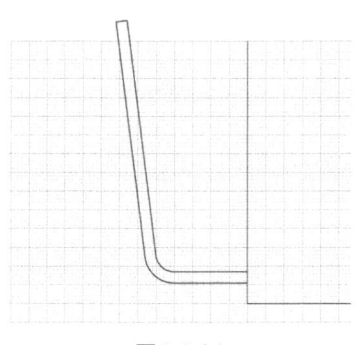

图4-4-31

⑰ 选择建立曲面工具—旋转成形，旋转360°，并倒圆角1mm。如图4-4-32所示，得到图4-4-33。

⑱ 制作榨汁机上部，选择前期拉出的柱体，将其上端倒圆角10mm。如图4-4-34所示。

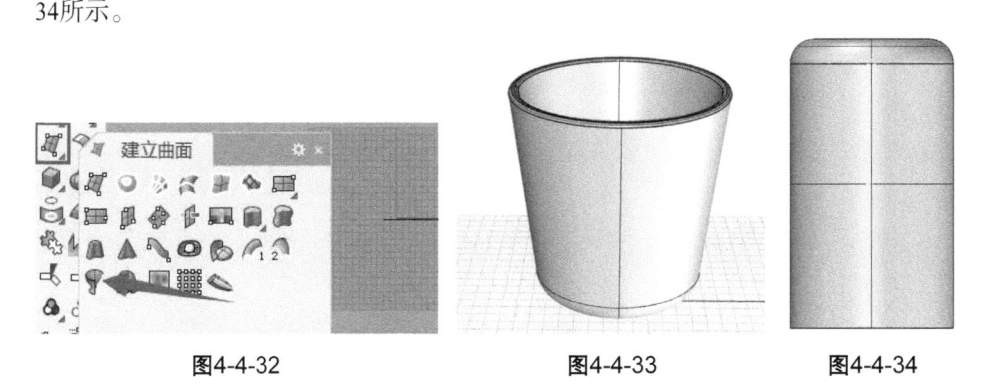

图4-4-32　　　　　　　　图4-4-33　　　　　　　　图4-4-34

⑲ 绘制3阶5点曲线（注意末端两个点分别设定*xyz*坐标拍平，达到三点共线/相切），旋转成形，加盖成为实体。如图4-4-35所示，得到图4-4-36。

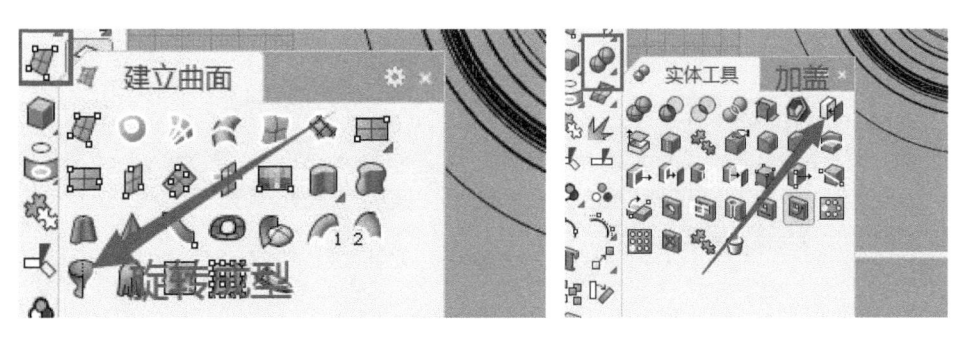

图4-4-35

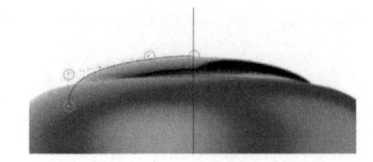

图4-4-36

⑳ 选择实体工具中布尔运算差集，倒圆角0.5mm。如图4-4-37所示，得到图4-4-38。

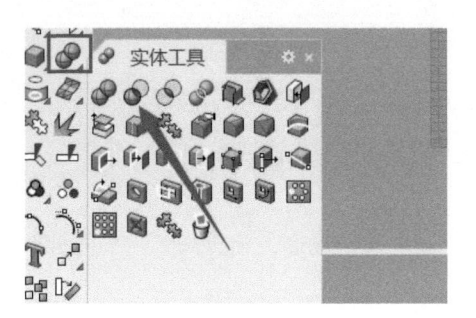

图4-4-37

图4-4-38

㉑ 绘制矩形并挤出实体。如图4-4-39所示。

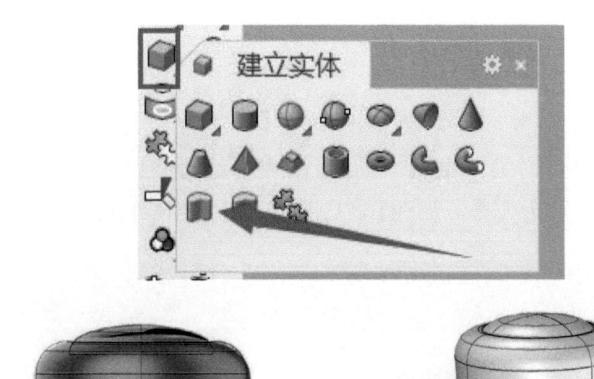

图4-4-39

㉒ 将两个物体进行布尔运算差集。选中被减物体右键，选中减去物体，右键进行差集运算。如图4-4-40所示。

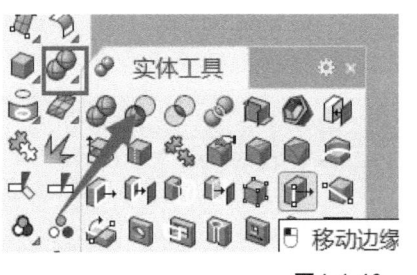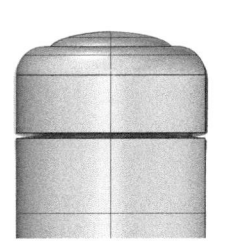

图4-4-40

㉓ 制作参数化纹理。打开Grasshopper插件。

㉔ 炸开实体，仅显示如图4-4-41所示曲面。

图4-4-41

㉕ 完整程序如图4-4-42所示。将曲面拾取进Grasshopper内（需要安装Grasshopper的插件Lunchbox与Weaverbird）。

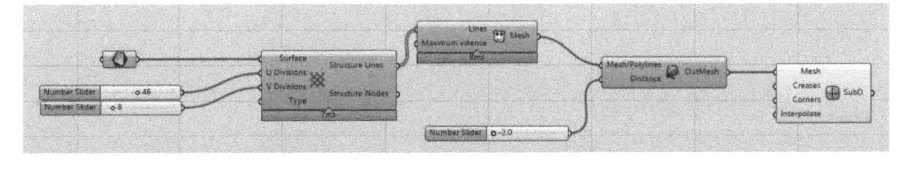

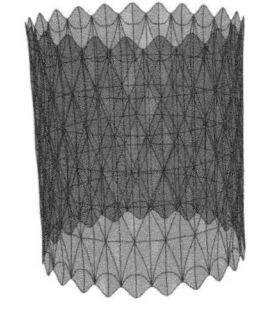

图4-4-42

㉖ 在Params中点击surface命令，在工作区点击调入surface命令。如图4-4-43所示。

㉗ 右击图标中心，弹出对话框，选择Set one Surface选项，拾取Rhino中的曲面。如图4-4-44所示。

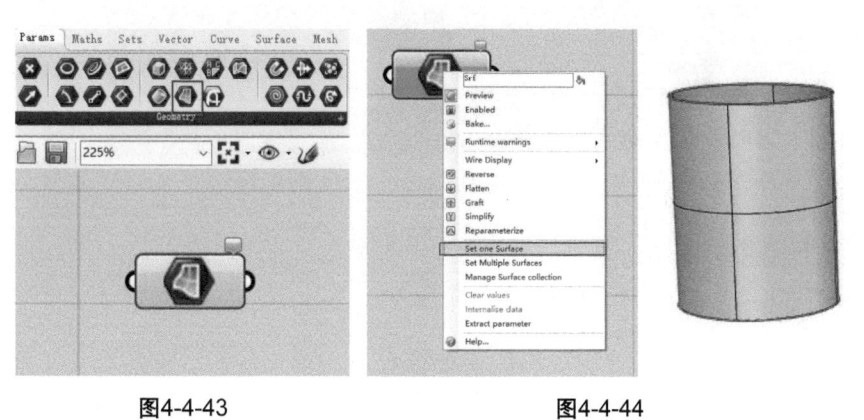

图4-4-43   图4-4-44

㉘ 打开LunchBox点击Diagrid Structure命令，载入工作区。如图4-4-45所示。

㉙ 鼠标左键点击这个命令，在Rhino中得到如图4-4-46所示图形。

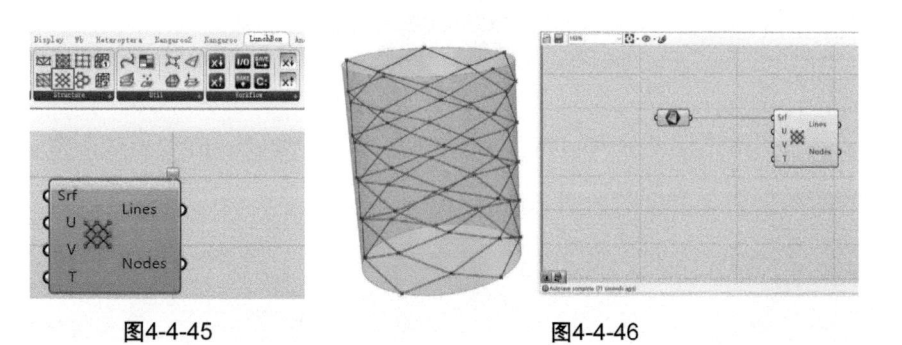

图4-4-45   图4-4-46

㉚ 双击空白处弹出对话框，输入46，按回车键生成Slider数字滑块。如图4-4-47所示。

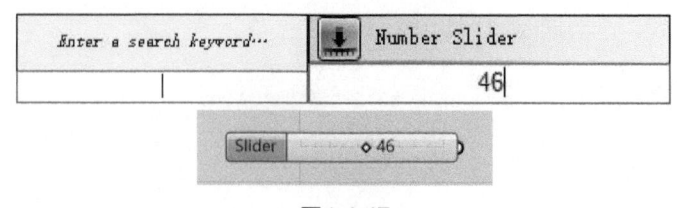

图4-4-47

③ 同理再生成一个为8的Sider数字滑块，分别将其连接到U端与V端。
如图4-4-48所示。

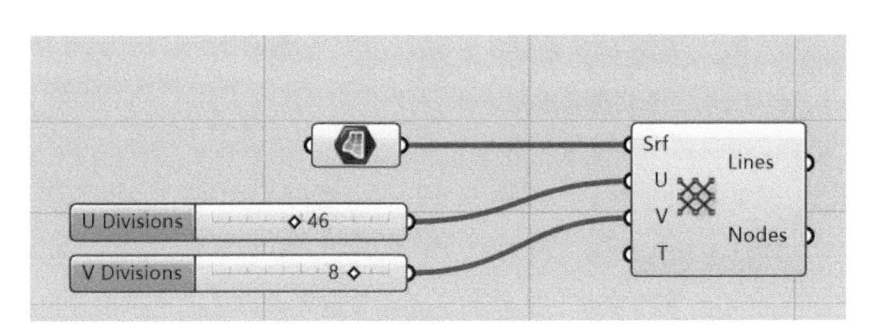

图4-4-48

③ 在Weaverbird中找到如图4-4-49所示两个图标，载入工作区。

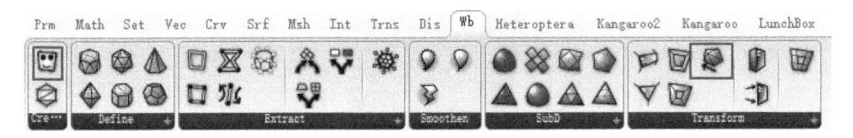

图4-4-49

③ 按照图4-4-50连接模块电池（命令图标称作电池）。

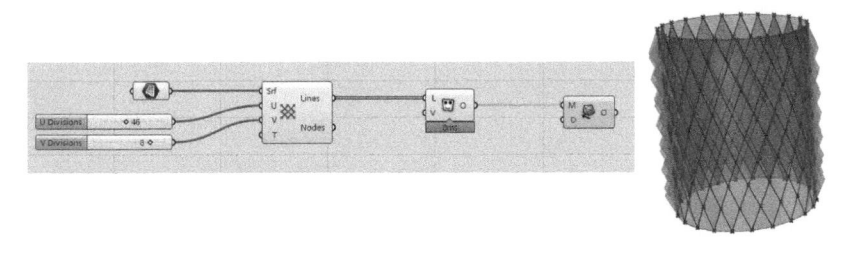

图4-4-50

③ 载入Surface中的subd命令。如图4-4-51所示。

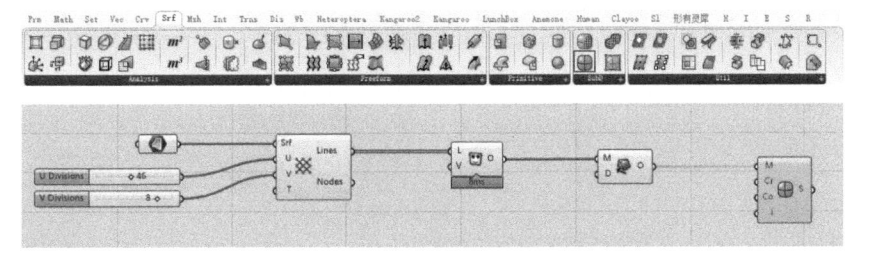

图4-4-51

㉟ 双击空白处，在弹出对话框
中输入2.0，生成Slider，双击左侧
"Slider"字样，打开"Slider"编
辑对话框，将min最小值调节为
"－2"（此处参数的正负值是决定
纹理是凸出还是凹陷的高度值，拖
动滑块点，当滑块数值为－2即为凹陷是－2）。如图4-4-52所示。

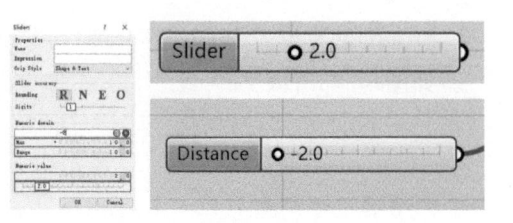

图4-4-52

㊱ 如图4-4-53连接电池，在Rhino中得到如图4-4-54所示图形。

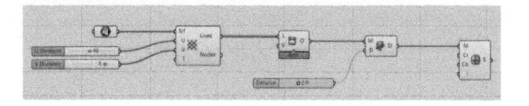

图4-4-53

图4-4-54

㊲ 将"四个电池"生成的图形均隐藏，右击图标点击 "Preview"。如图4-4-
55所示。

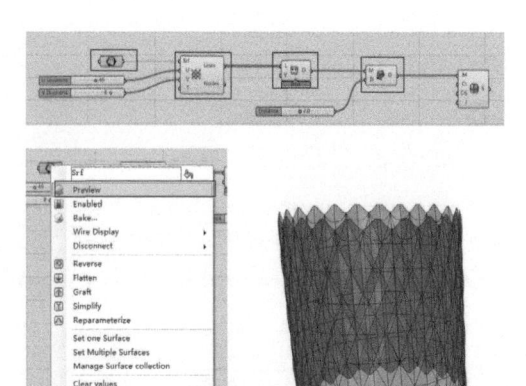

图4-4-55

㊳ 右击subd电池，将Rhino数据烘焙到Rhino中生成细分曲面。关闭Grasshopper（此时并不是完全关闭Grasshopper，只是隐藏起gh工作界面）得到如图4-4-56所示细分曲面。

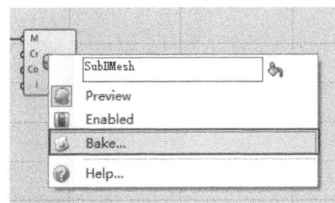
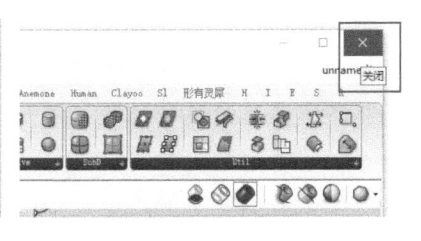
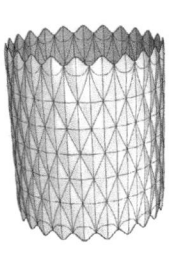

图4-4-56

㊴ 选择细分曲面点击鼠标右键，选择将物件转换成NURBS曲面命令，如图4-4-57所示，得到NURBS曲面。如图4-4-58所示。

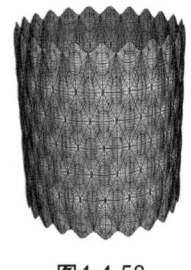

图4-4-57　　　　　　　　　　　　图4-4-58

㊵ 显示如图4-4-59所示曲面（之前炸开圆柱的上盖与下盖），分别取消修剪两圆，得到两个正方形平面。

㊶ 单轴缩放纹理多重曲面透过两平面。如图4-4-60所示。

㊷ 相互修剪并组合，得到如图4-4-61所示造型。

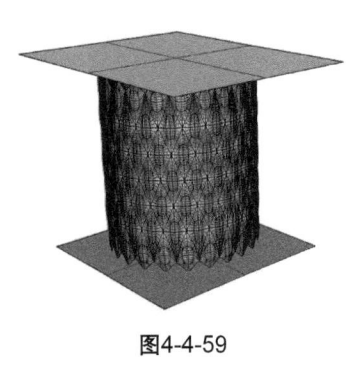
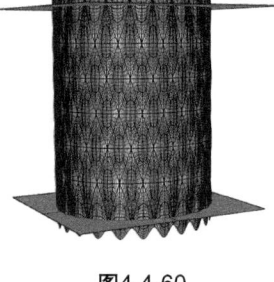

图4-4-59　　　　　　　　　图4-4-60　　　　　　　　　图4-4-61

㊸ 抽离上下两面的边缘（选择复制为"是"），然后直接右击复制面的边框，如图4-4-62所示，得到两条封闭的曲线。

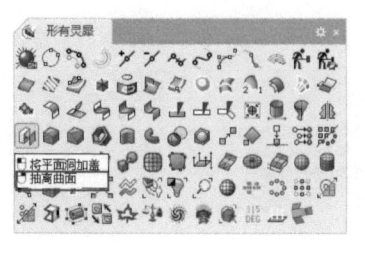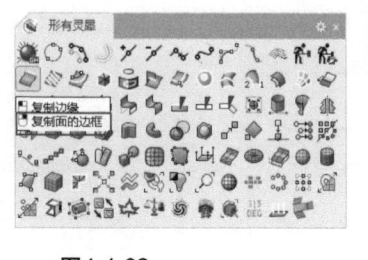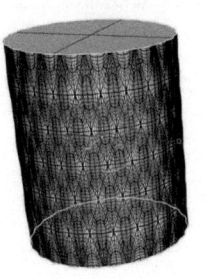

图4-4-62

㊹ 生成1mm的圆管，将主体进行分割，删掉多余曲面。如图4-4-63所示。

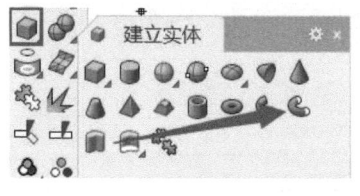

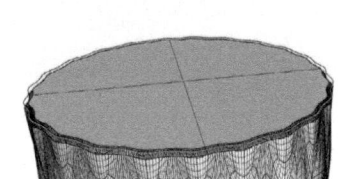

图4-4-63

㊺ 在曲面工具中选择混接曲面选择"连锁边缘"。如图4-4-64所示。

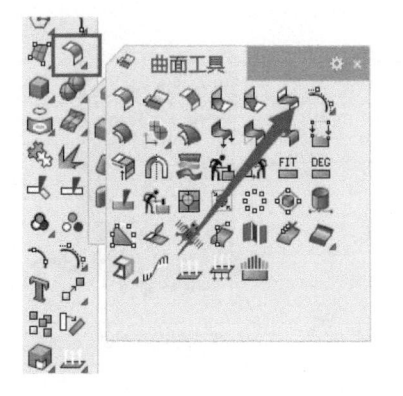

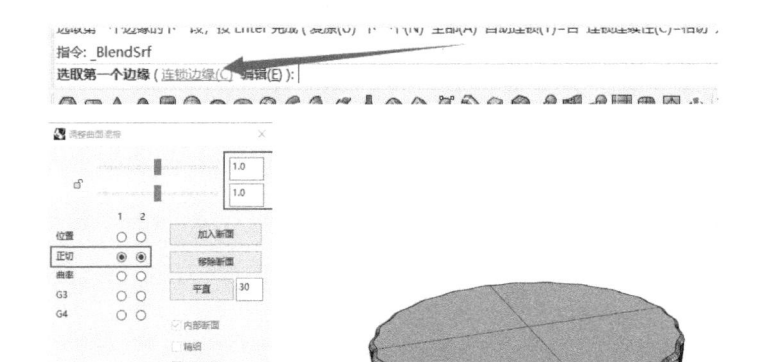

图4-4-64

㊻ 同理混接底部，全选组合成实体。如图4-4-65所示。

图4-4-65

㊼ 挤出曲面为圆柱体，配合三轴缩放与单轴缩放，适当调整大小。如图4-4-66所示。

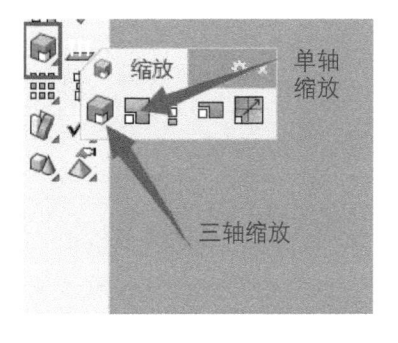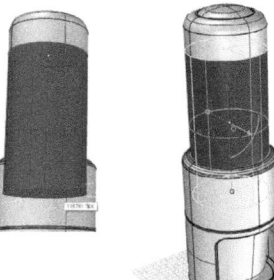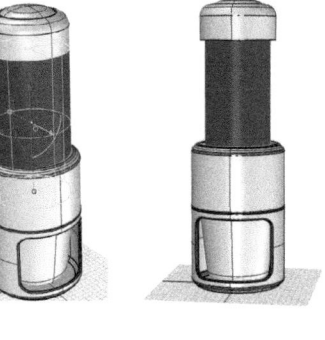

图4-4-66

㊽ 将未倒圆角的边缘倒圆角1mm，划分图层，模型完成。如图4-4-67所示。

图4-4-67

 4.4.3 小结

因为大家平时找到的参考图往往是带有透视的，本节明确了在放置参考图时要确定关键点位置，这样才能建出合适比例大小的模型。经过本节的学习，对纹理部分建模的应用是不是更熟悉了？接下来将进入下一章节，生态造型产品建模的学习。

第 **5** 章

家具有机形态篇

5.1 Sub-D细分曲面家具建模

 ### 5.1.1 建模思路

　　本产品直观看上去大致可分为两大块，一个是主体椅子——胡桃木质框架，另一个就是坐垫。类似这种有机形态我们会用Rhino的细分曲面（Sub D）模块建模。

 ### 5.1.2 建模步骤

　　① 建模用到的命令有转换曲面/多重曲面为网格 、创建立方体 、添加锐边 、插入细分边缘 、转换为细分物件 、桥接网格或细分 、挤出细分物件 、偏移细分 、切换细分显示 、线面点过滤器与开关 。

② 在正式建模椅子之前，我们先通过一个小的案例六管衔接，学习nurbs曲面、mesh网格与subd细分曲面。如图5-1-1所示。

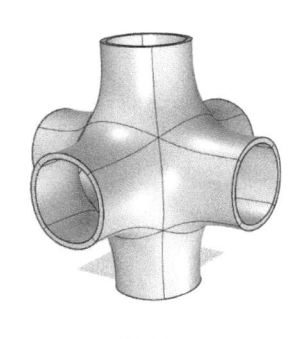

图5-1-1

③ 新建一个100×100×100的立方体，并以如图5-1-2、图5-1-3所示方式摆放。

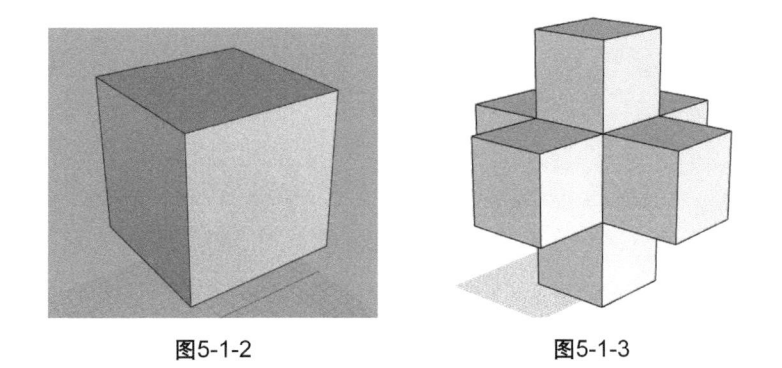

图5-1-2   图5-1-3

④ 布尔运算合集，炸开多重曲面并删掉6个面进行组合。如图5-1-4、图5-1-5所示。

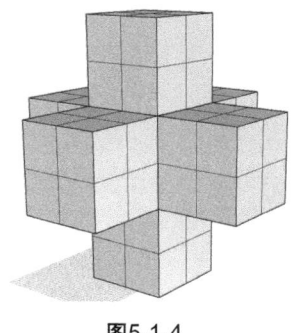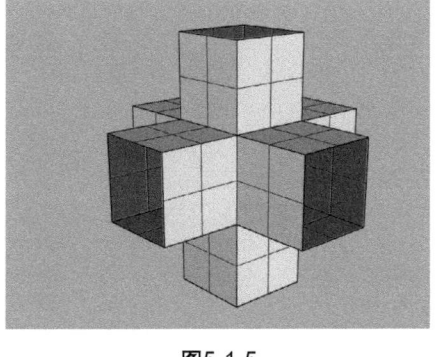

图5-1-4   图5-1-5

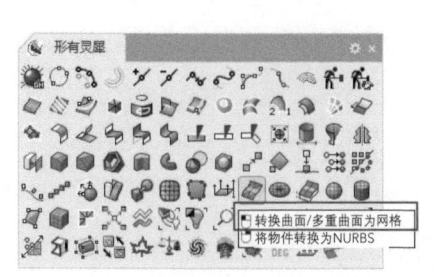

图5-1-6

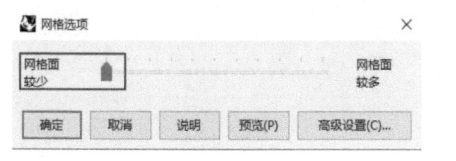

图5-1-7

⑤ 将多重曲面转换为网格（调节网格滑块到最左侧即网格最少），得到网格曲面（左侧没有结构线的为mesh网格）。如图5-1-6～图5-1-8所示。

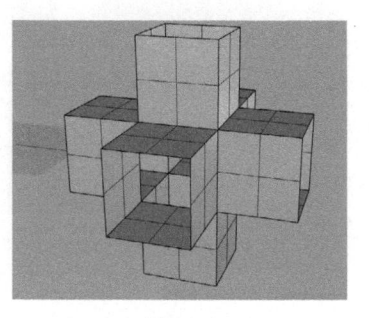

图5-1-8

⑥ 选择转换细分曲面命令，将网格转化为subd细分曲面。如图5-1-9～图5-1-11所示。

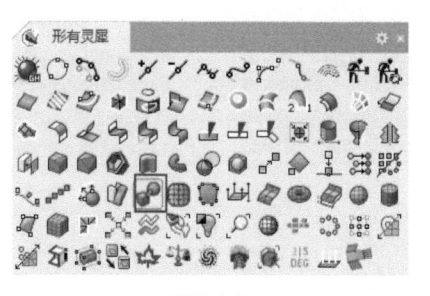

图5-1-9

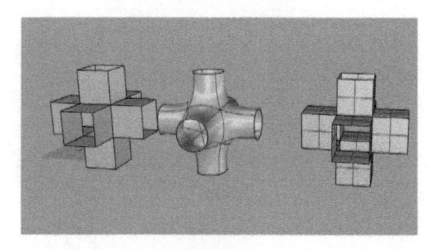

图5-1-10

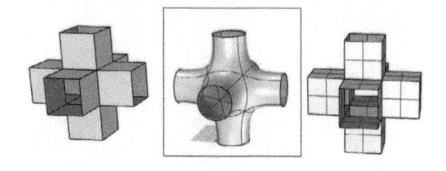

图5-1-11

⑦ 偏移细分曲面可增加厚度（10mm）。如图5-1-12、图5-1-13所示。

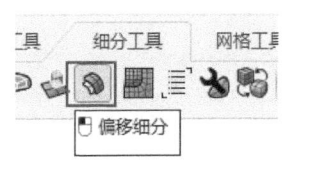

图5-1-12

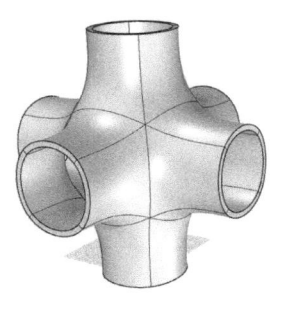

图5-1-13

⑧ 按Tab键可切换模型的显示模式。如图5-1-14、图5-1-15所示。

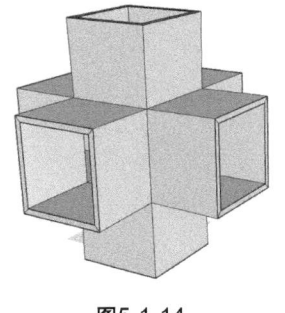

图5-1-14

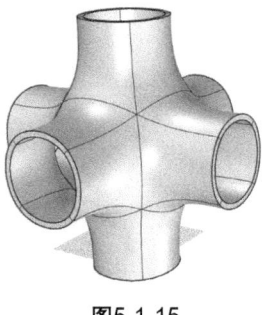

图5-1-15

⑨ 打开扫描件。如图5-1-16所示。

图5-1-16

⑩ 创建细分立方体，点击网格边缘过滤器，选中曲线，插入细分边缘（向左移动大致让边缘的结构线移动到倒圆角的位置）。如图1-1-17～图5-1-20所示。

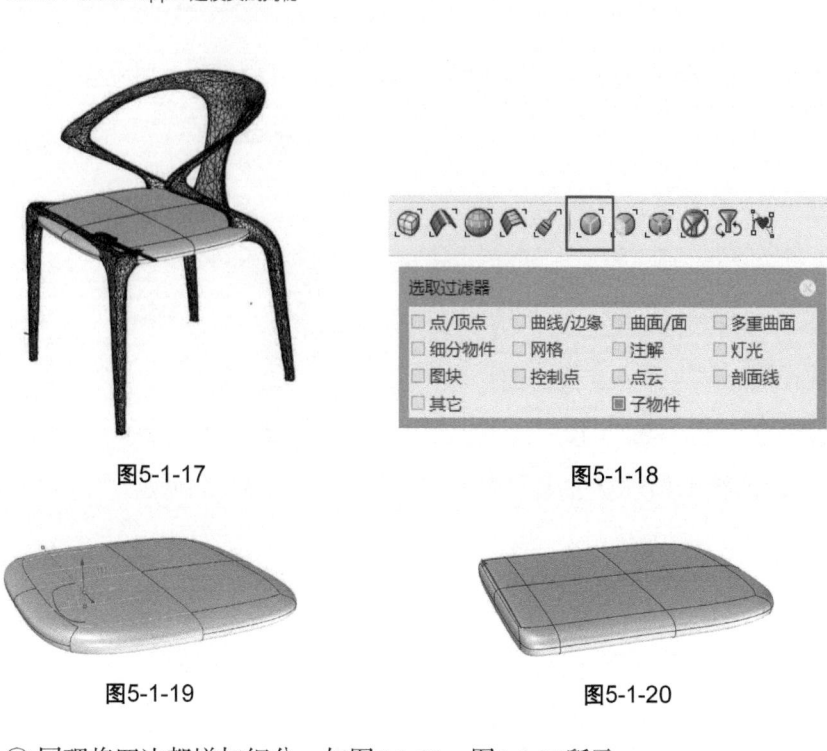

图5-1-17   图5-1-18

图5-1-19   图5-1-20

⑪ 同理将四边都增加细分。如图5-1-21 ~ 图5-1-23所示。

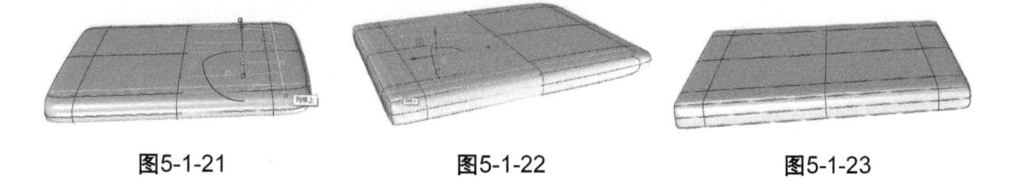

图5-1-21   图5-1-22   图5-1-23

⑫ 关闭过滤器，按F10开启控制点，调节与扫描件拟合。如图5-1-24所示。

图5-1-24

⑬ 调节好后切换Tab键，按住Ctrl + Shift键框选删掉其中一半。如图5-1-25、图5-1-26所示。

⑭ 将边缘选中设定*xyz*坐标拍平到*x*。如图5-1-27所示。

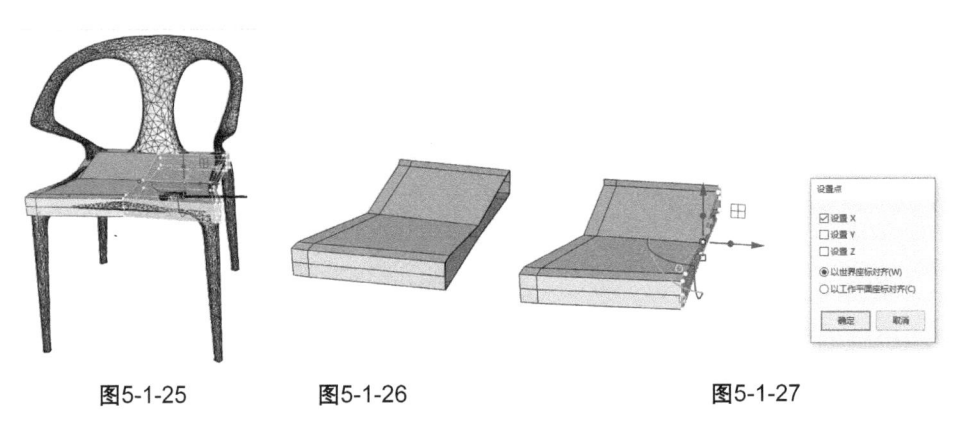

图5-1-25　　　　图5-1-26　　　　　　　　　　　图5-1-27

⑮ 镜像组合 ❀ 。如图5-1-28所示。

⑯ Ctrl + Shift + 鼠标左键点选面（点击边缘、点击面、点击点与开启过滤器的点线面选择效果一样）。向下拖动操作轴的小圆点挤出（与挤出细分效果一致 ），重复拖动三次。如图5-1-29 ~ 图5-1-31所示。

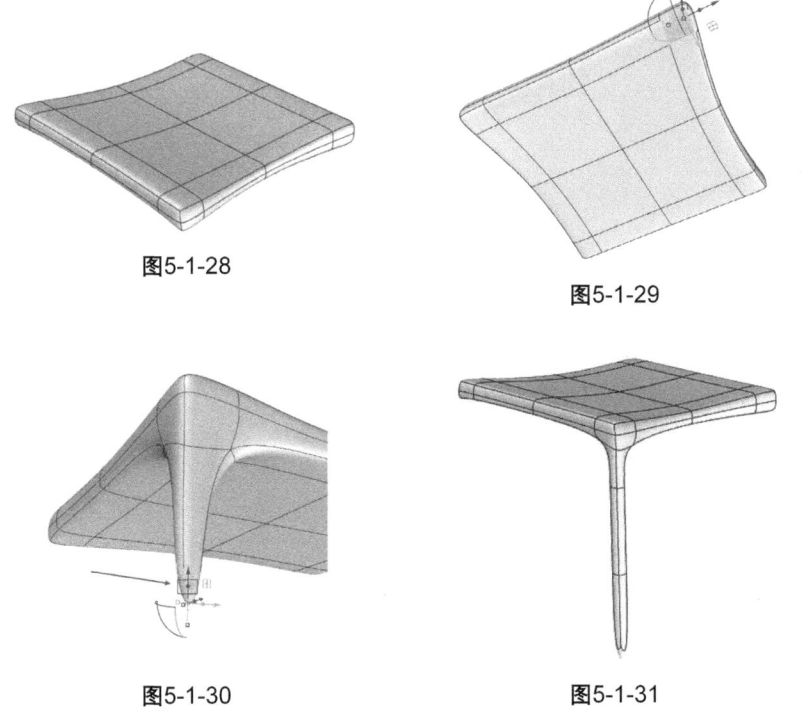

图5-1-28

图5-1-29

图5-1-30　　　　　　　　　图5-1-31

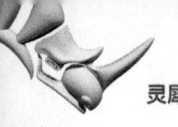
⑰ 选择底部边缘线，添加锐边 ◇（点击命令后一次点选，不要框选，效果是不一样的）。

⑱ 将底部边缘选中设定xyz坐标拍平到z轴的0平面（边做边调节造型与扫描件贴合）。如图5-1-32～图5-1-34所示。

图5-1-32

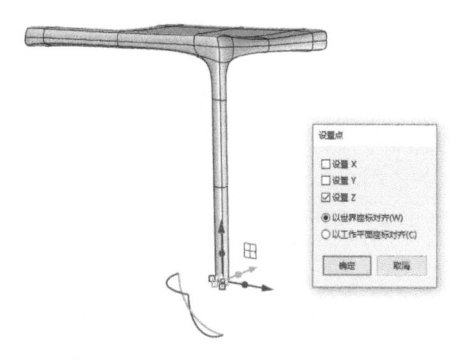
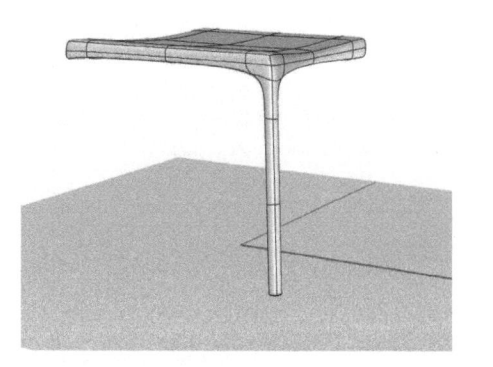

图5-1-33

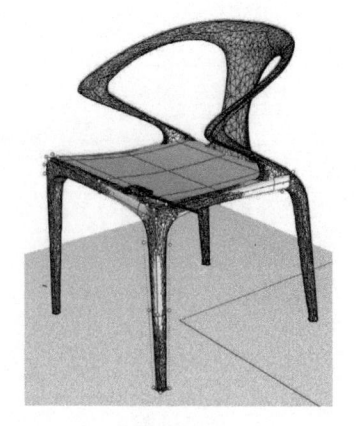

图5-1-34

⑲ 同理挤出后脚。如图5-1-35、图5-1-36所示。

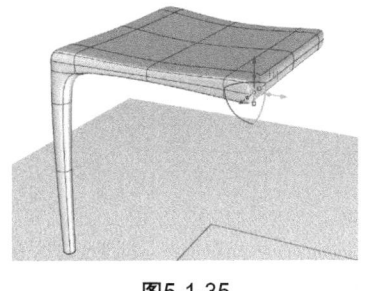

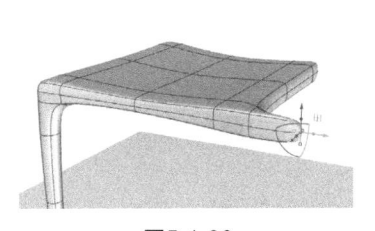

图5-1-35   图5-1-36

⑳ 为了便于调节，我们将操作轴的对齐方式更改为对齐物件，点击小圆点，出现对话框点选对齐物件。如图5-1-37、图5-1-38所示。

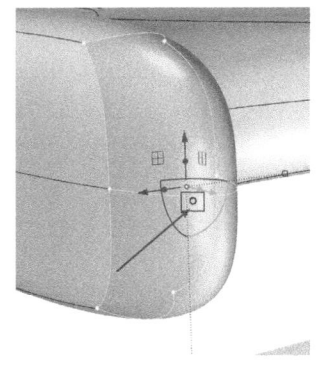

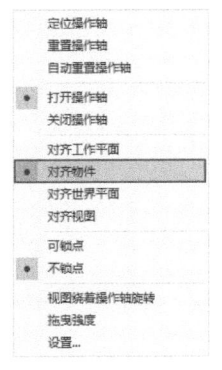

图5-1-37   图5-1-38

㉑ 继续挤出三次（边挤出边调节）。如图5-1-39所示。

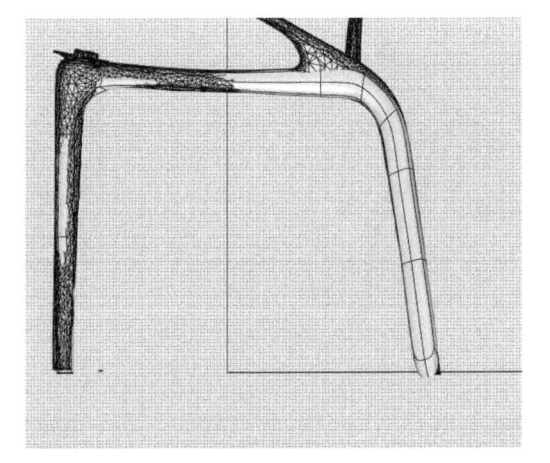

图5-1-39

㉒ 底部添加锐角。如图5-1-40所示。

㉓ Tab切换成多边形方式调节更方便。如图5-1-41、图5-1-42所示。

图5-1-40   图5-1-41   图5-1-42

㉔ 删除一半，镜像组合❽。如图5-1-43、图5-1-44所示。

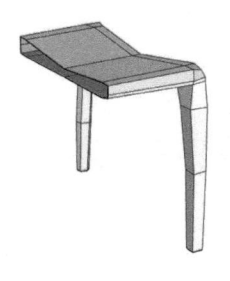

图5-1-43   图5-1-44

㉕ 选择细分曲线。如图5-1-45、图5-1-46所示。

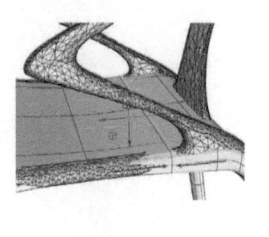

图5-1-45   图5-1-46

㉖ 为保持两侧的对称性，左侧同理添加细分。如图1-1-47所示。

㉗ 切换多边形显示调节结构线均匀规律。如图1-1-48所示。

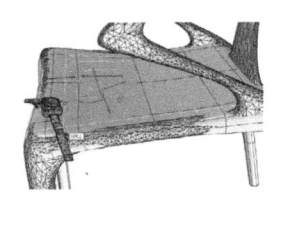

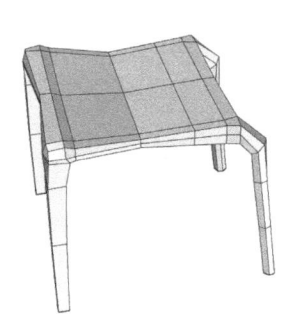

图5-1-47   图5-1-48

㉘ 再次插入细分。如图1-1-49、图1-1-50所示。

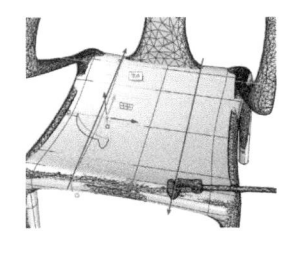

图5-1-49   图5-1-50

㉙ 挤出扶手。如图5-1-51、图5-1-52所示。

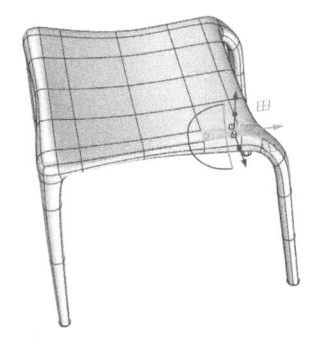

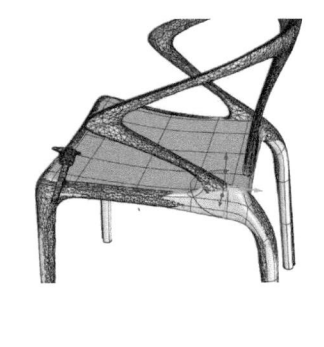

图5-1-51   图5-1-52

㉚ 边挤出边调节（可实时切换操作轴的对齐方式，按住Ctrl可以旋转调整操作轴的方向）。如图5-1-53、图5-1-54所示。

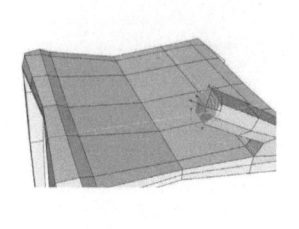

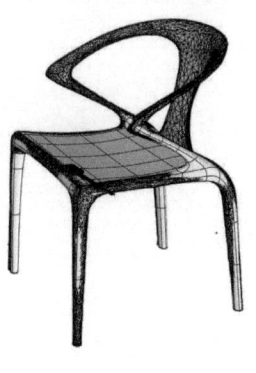

图5-1-53

图5-1-54

㉛ 从侧面挤出。如图5-1-55、图5-1-56所示。

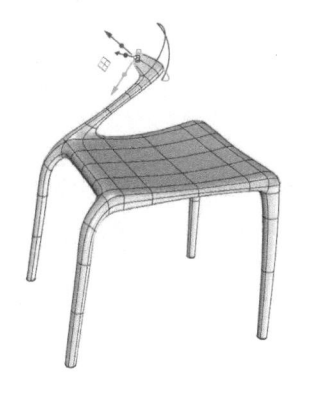

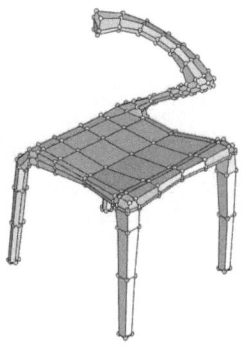

图5-1-55

图5-1-56

㉜ 删除一侧，镜像后组合，挤出椅背。如图5-1-57～图5-1-60所示。

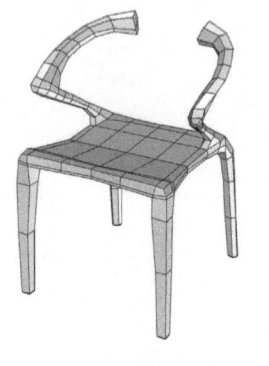

图5-1-57

图5-1-58

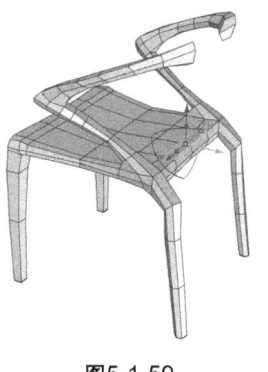
图5-1-59

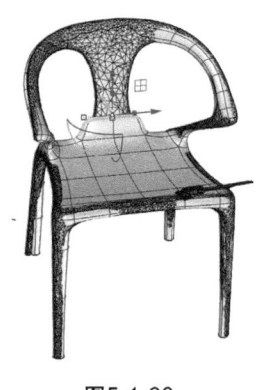
图5-1-60

㉝ 边挤出边调节造型。如图5-1-61所示。

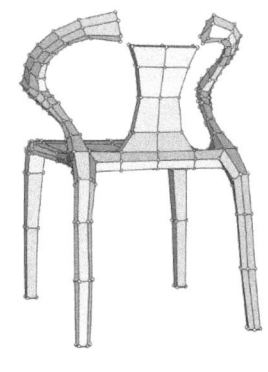
图5-1-61

㉞ 椅脑与扶手链接准备（由于扶手截面为两个组合面，所以椅脑也需要两个面组合）。如图5-1-62所示。

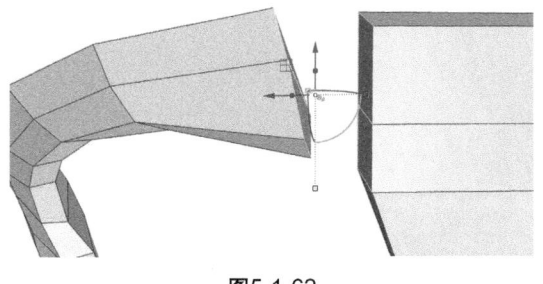
图5-1-62

㉟ 桥接细分曲面 。如图5-1-63～图5-1-66所示。

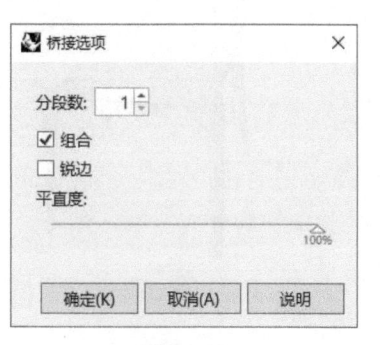

图5-1-63

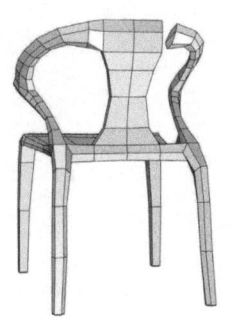

图5-1-64

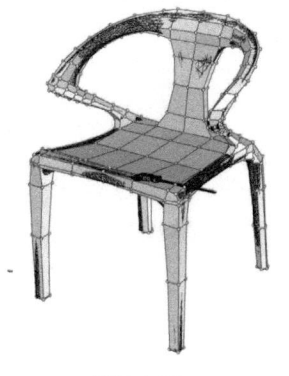

图5-1-65

图5-1-66

㊱ 椅面挤出细分。如图5-1-67、图5-1-68所示。

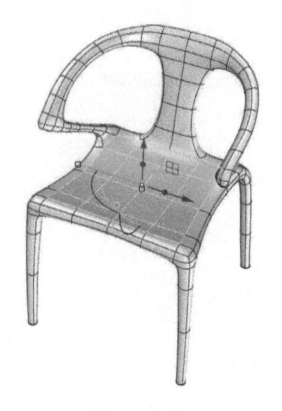

图5-1-67

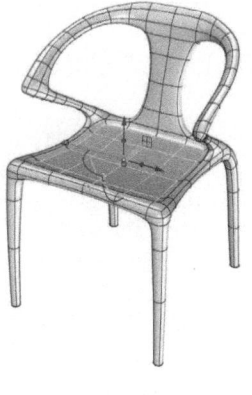

图5-1-68

㊲ 复制曲面（按住Alt键，然后向上拖动操作轴"箭头"）。如图5-1-69、图5-1-70所示。

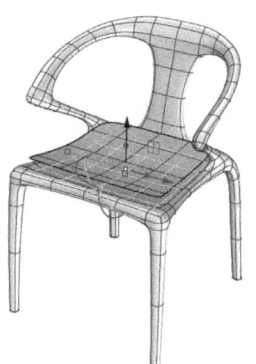

图5-1-69   图5-1-70

㊳ 选择复制出来的曲面挤出细分曲面。如图5-1-71、图5-1-72所示。

㊴ 偏移10mm细分曲面●。如图5-1-72所示。

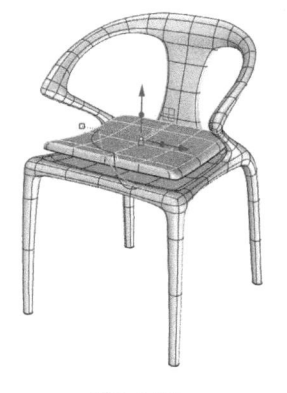

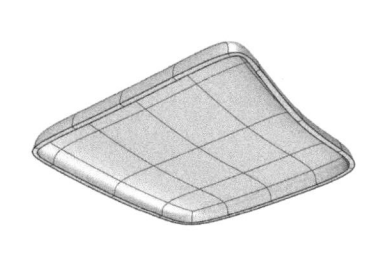

图5-1-71   图5-1-72

㊵ 移除锐边●。如图5-1-73所示。

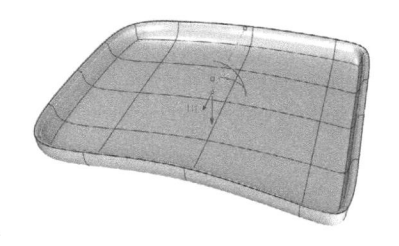

图5-1-73

㊶ 选择曲面，向下调节。如图5-1-74、图5-1-75所示。

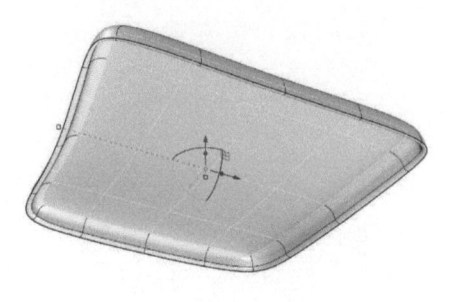
图5-1-74

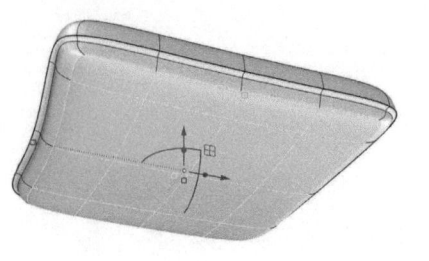
图5-1-75

㊷ 交接椅面（上下均为16个面），分段数设为2。如图5-1-76、图5-1-77
所示。

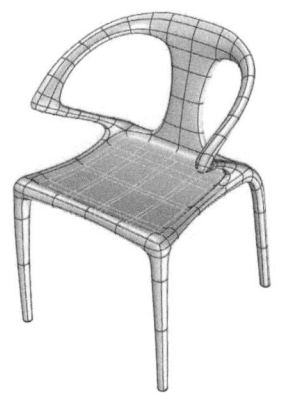
图5-1-76

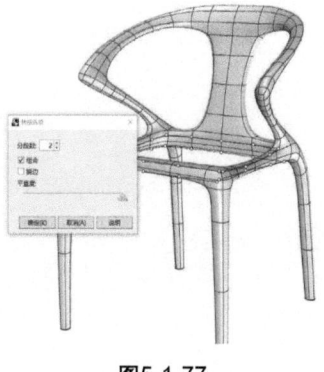
图5-1-77

㊸ 选择最底部一圈面，点击挤出细分曲面命令，选择UVN，选择N。如图5-1-78、图5-1-79所示。

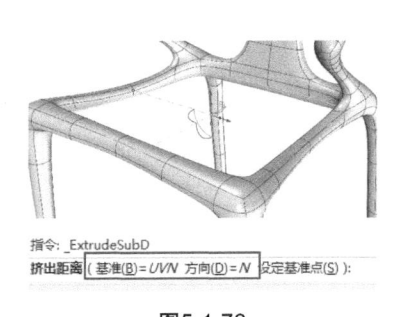

指令:_ExtrudeSubD
挤出距离(基准(B)=UVN 方向(D)=N 设定基准点(S)):

图5-1-78

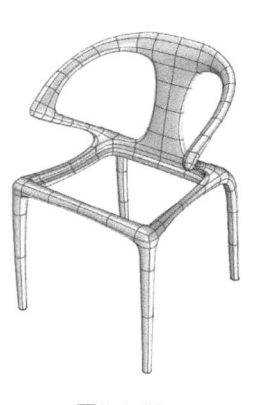

图5-1-79

㊹ 调节底部，设定xyz坐标拍平曲面边缘。如图5-1-80、图5-1-81所示。

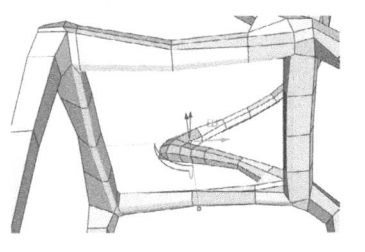

图5-1-80

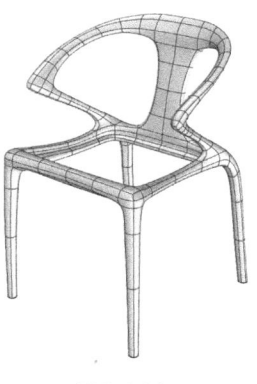

图5-1-81

㊺ 适当调节坐垫与座椅之间的大小位置关系。如图5-1-82所示。

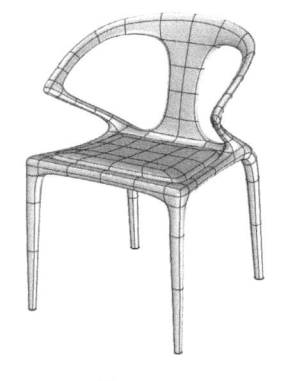

图5-1-82

㊻ 划分图层，赋予贴图，渲染显示。如图5-1-83所示。

图5-1-83

㊼ 点击图层中的白色圆圈，然后点击红色箭头指向位置。如图5-1-84所示。

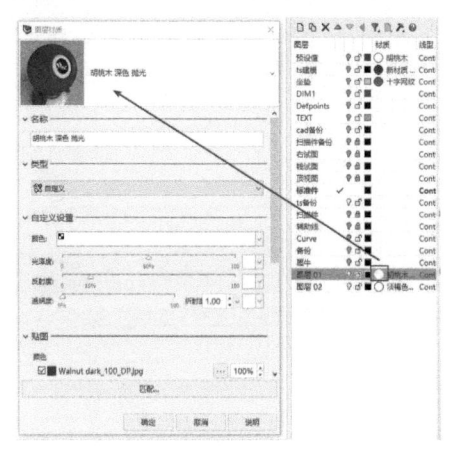

图5-1-84

㊽ 点击"＋"，点击从材质库导入。如图5-1-85、图5-1-86所示。

图5-1-85　　　　　　　　**图**5-1-86

㊾ 双击木材，双击胡桃木选择深色抛光。如图5-1-87、图5-1-88所示。

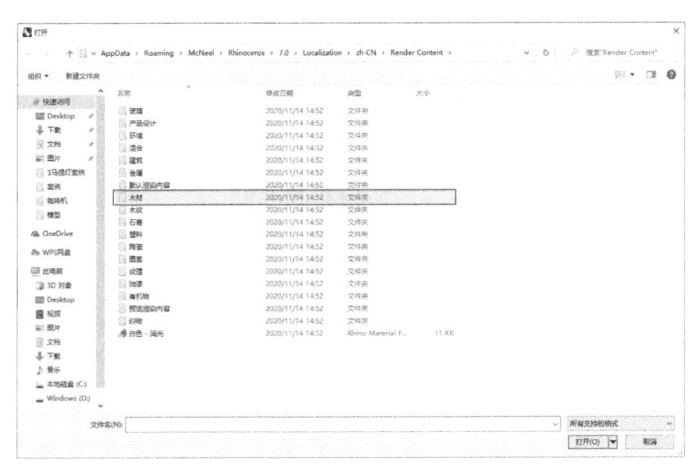

图5-1-87

图5-1-88

㊿ 同理座面软包选择，淡褐色小地毯。如图5-1-89所示。

图5-1-89

(51) 按Ctrl + Alt + R渲染模式显示。如图5-1-90所示。

图5-1-90

5.2 小结

本章节主要展现犀牛内部命令——细分曲面（Sub-D）模块建模来建立有机形态的3D模型制作，将有机形态几何化，充分利用挤出命令来调试出想要的造型，最终通过切换细分显示来达到目标形态。